MİTOLOJİDE ENGELLİLİK

Yunus Bucuka

nobel bilimsel

MİTOLOJİDE ENGELLİLİK

Yunus Bucuka

Yayın No.: 1479
ISBN: 978-625-398-288-1
E-ISBN: 978-625-398-289-8
Basım Sayısı: 1. Basım, Mart 2023

Genel Yayın Yönetmeni: Nevzat Argun -nargun@nobelyayin.com-
Genel Yayın Koordinatörü: Gülfem Dursun -gulfem@nobelyayin.com-

Sayfa Tasarım: Samet Tekin -samet@nobelyayin.com-
Redaksiyon: Meliha Uysal -meliha@nobelyayin.com-
Kapak Tasarım: Sezai Özden -sezai@nobelyayin.com-
Görsel Tasarım Uzmanı: Mehtap Asiltürk -mehtap@nobelyayin.com-

Kütüphane Bilgi Kartı

Bucuka, Yunus.
Mitolojide Engellilik / Yunus Bucuka
1. Basım, XII + 196 s., 13,5x19,5 cm. Kaynakça var, dizin yok.
ISBN: 978-625-398-288-1
E-ISBN: 978-625-398-289-8
1. Mitoloji 2. Yaratılış 3. Engellilik

Genel Dağıtım

ATLAS AKADEMİK BASIM YAYIN DAĞITIM TİC. LTD. ŞTİ.
Adres: Bahçekapı Mh. 2465 Sk. Oto Sanayi Sitesi No:7 Bodrum Kat, Şaşmaz/ANKARA
Telefon: +90 312 278 50 77 - **Faks:** 0 312 278 21 65
Sipariş: siparis@nobelyayin.com- **E-Satış:** www.nobelkitap.com - esatis@nobelkitap.com
www.atlaskitap.com - info@atlaskitap.com

Dağıtım ve Satış Noktaları: Alfa, Kırmızı Kedi, Arkadaş, D&R, Dost, Kika, Kitapsan, Nezih, Odak, Pandora, Prefix, Remzi

Baskı ve Cilt: Meteksan Matbaacılık ve Teknik Sanayi Tic. Anonim Şirketi / Sertifika No.: 46519
Beytepe Köy Yolu No.: 3 06800 Bilkent-Çankaya/ANKARA

1975 yılında Bingöl'de doğdu. İlk, orta ve lise eğitimini burada tamamladı. Çukurova Üniversitesi Eğitim Fakültesi Felsefe Grubu Öğretmenliği Bölümünden mezun oldu. 1997-2013 yılları arasında Bingöl'de Felsefe Grubu Öğretmeni olarak görev yaptı. Bingöl Üniversitesi Fen Edebiyat Fakültesi Sosyal Hizmet Bölümünde öğretim üyesi olarak görev yapmaktadır. Evli ve iki çocuk babasıdır. Engellilik, sosyal dışlanma, ölüm akademik çalışma alanları arasındadır. Mitoloji ise ilgi alanlarından biridir.

Babama

Ne kör bir insana gül ne de bir cüceyle alay et,

Hiçbir engellinin hayatına müdahale etme,

Tanrı'nın engelli yarattığı ile dalga geçme

Hata yaparsa kaşlarını çatma.

İnsan saman ve çamurdandır,

ve Tanrı onun yaratıcısıdır;

O her gün yıkar ve inşa eder,

Dilerse binlerce kişiyi engelli yapar,

Ama O, binlerce kişiyi emre amade kılar,

İnsanlara hayat bahşederken.

Ne mutlu Tanrı'nın yanında güvende olacağı

Ölüm ülkesine ulaşana.

Antik Mısırlı Bilge Amenemope

(MÖ 14. yy)

ÖN SÖZ

Engelliler, hayatları boyunca birçok sorunla mücadele etmektedir. Onların bu hayatı yalnız başına sürdürmelerine kayıtsız kalamayız. Buna karşın onlara karşı ödevlerimizin ne olduğu sorusuna açık bir cevabımız da yoktur. Bu soruya ilgili hususta insanlık tarihi boyunca yapılanlar dikkate alındığında hâlâ ciddi cevaplar bulamadığımız da ortadadır. Dolayısıyla engellilerin maruz kaldıkları sorunlar sadece onları ilgilendirmez. Bu sorunlarla ilgili, her insana düşen herhangi bir maddi ya da manevi menfaat beklemeden ödev duygusuyla hareket etmektir.

Engellilik; tarihsel, sosyolojik, politik, felsefi ve dinsel birçok disiplinin araştırma alanında bulunmaktadır. Bu disiplinlerin yanında, mitolojik açıdan da incelenmesi gereken önemli bir konudur. Bu doğrultuda incelenen mitolojilerin içerdiği engellilikle ilgili temsiller ve vurgular dışlayıcı ve damgalayıcı niteliklerden uzaktır. Söz konusu durumu dile getirmesi bağlamında bu kitap engellilik çalışmalarına katkı sunmayı amaçlamaktadır. Ayrıca, engellilik tarihi çalışmaları için de önemli bir başlangıç noktası önermektedir.

Tüm çalışmalarımda bana desteklerini esirgemeyen eşime ve çocuklarıma çok şey borçluyum. Ayrıca, bu çalışmada bana destek olan tüm arkadaşlarıma teşekkür ederim.

Yunus Bucuka

Ocak, 2023

Bingöl

İÇİNDEKİLER

GİRİŞ

Sümerlerin yazıyı bulan medeniyet olması nedeniyle S. N. Kramer; "Tarih, Sümer'de başlar." der. Bu bağlamda, Sümerlerin insanın yaratılış mitolojisi incelendiğinde, "Engellilik Sümer'de başlar." yargısında bulunmak cüretkâr bir ifade olmayacaktır. Zira bu mitolojide ilk insan yaratıldıktan sonra tanrıça Ninmah engelli altı kişi yaratılmıştır. "Mitolojide tanrıların ardından yaratılan ve kimi zaman onlarla beraber yeryüzünün imarını gerçekleştiren insan, neden engelli olarak yaratılsın ki?" sorusuna bir cevap denemesinde bulunmak, engelliliğin insan yaşamıyla beraber ortaya çıktığını göstermektedir. Sümer; ilk kentlerin ve tapınakların vücut bulduğu, kendinden sonraki toplulukların dinî ve sosyal vb. birçok yapısına nüfuz eden güçlü bir medeniyettir. Bunun yanı sıra en az onun kadar güçlü bir medeniyet kuran Mısırlılar tanrılarının arasına neden cüce tanrılar eklesinler? Üstelik bu cüce tanrıların üstlendikleri görevler hayatın hem başlangıcında hem de insanların sürdürdüğü yaşamın içinde bulunmaktaydı. Yine kadim bir medeniyet meydana getiren antik Yunanlılar, on iki tanrı arasına neden topal bir tanrı dâhil etsinler? Estetik değere ve fiziksel mükemmelliğe oldukça düşkün olan Yunanlıların bunda bir muratları olduğunu belirtmek uygun olacaktır. Diğer tüm mitolojilerde engellilik, tıpkı yaşamda olduğu gibi görünür bir hâldedir. Her birinde bazı tanrılar ve bazı mitolojik kahramanlar engelli olarak temsil edilmişlerdir.

Kadim bir olgu olan engelliliğin birçok boyutuyla hâlâ güncelliğini koruması önemli bir soruna işarettir. Ancak engellilerin yaşam koşullarının daha iyiye gittiğini söylemek pek kolay değildir. Güncel araştırmalarda ortaya çıkan; damgalanma, toplumsal dışlanma, istihdam alanından uzaklaştırılma gibi sorunların bazılarına, mitolojilerin cevap bulduğunu dile getirmek ise ironik olacaktır.

Bu bağlamda mitolojilerde engelliliğe dair bir araştırma yapmak anlam kazanmaktadır. Engelliliğin tarihsel perspektiften analizi bazı çalışmalarda mevcuttur. Bunun yanı sıra dinlerin engelliliğe yaklaşımlarını konu edinen çalışmalar da bulunmaktadır. Bu eserin, yapılan literatür çalışması kapsamında engellilik ile mitoloji ilişkisini inceleyen Türkçe literatürde müstakil ilk kitap olduğunu belirtmek mümkündür.

Bu çalışmada, engelliliğin mitolojik metinlere ve anlatılara dâhil edilmesindeki anlam ve bunun sonucunda bu mitolojilere inanan topluluklarda engellilere ilişkin tutumların nasıl şekillendiği, yedi önemli mitoloji (Yunan, Sümer, Mısır, Japon, İskandinav, Çin ve Hint) kapsamında araştırılmaktadır.

Çalışma, zikredilen mitolojilerde bulunan engellilik olgusunu değerlendirmeye geçmeden; öncelikle mitin tanımlanmasını, tarihsel ve dinsel vb. bağlamını konu edinmektedir. Mitin tanımı üstünde genel geçer bir uzlaşı olmadığından, çeşitli araştırmacıların ilgili konuda yaptıkları tanımlamalara yer verilmiştir. Onun tarihsel olaylarla, mantıksal açıklamalarla, bilinçaltı ve rüyalarla ilişkilerine değinilmiştir. Mitlerin, kozmik, toplumsal ve kişisel varoluşumuzun, trajik ve esrarengiz yansımaları olduğuna vurgu yapılmıştır. Dinsel, kutsal, kültürel hikâyeler olarak toplumsal çatışmaları önleme, toplumsal hayatı inşa etme ve onaylama işlevleri dile getirilmiştir. Mitlerin edebî nitelikleri; efsaneler, masallar, halk hikâyeleri, destanlar ile arasındaki farklar dikkate alınarak açıklanmaya çalışılmıştır. Bu bölümün ardından sırayla aşağıdaki mitolojilere yer verilmiştir.

Antik Yunan mitolojisinde engellilik ile ilgili en önemli sembol Hephaistos'tur. Hephaistos'un, dönemin görsel temsillerinde, edebî eserlerinde nasıl betimlendiği, Olimpostan atılışı, annesiyle ilişkisi, evliliği, antik Yunanlılar için değeri tanıtılmıştır. Mitin; engelliliğin kültürel klişeleri ve modern yansımaları, engellilik ile mizah ilişkisi, ebeveynlerin engelli çocuklara dair tutumu, Hephaistos'un toplumsal dışlanma ve "süper engelli" arasında sıkışması ile aristokrat bir toplumda, insanlaştırılmış bir tanrı olarak sunulması gibi birçok bağlamda analizi yapılmıştır. Bu mitolojide engellilik; Bellerophon, Teirisias, Daphnis ve Lara gibi başka örnekler üstünden de mevcuttur. Tanrısallık peşinde olan bir kahraman olan Bellerophon'un miti yaşadıkları deneyimler doğrultusunda sunulmuştur. Ayrıca kör bilge Teirisias, Daphnis ve Lara tanrılara karşı işledikleri suçlar nedeniyle engelli olarak cezalandırılmışlardır.

Sümerlerde engellilik ile ilgili bilgiler; mitler, kanunlar, tıbbi metinler, kraliyet yazıtları, atasözleri gibi metinlerde yer almıştır. Bu kaynaklarda söz konusu dönemde engellilerin toplumsal kabulü ve onlara ilişkin tutumlar hakkında değerlendirmeler bulunmaktadır. Mezopotamya'da Sümerler MÖ IV. bin yılda, Dicle ile Fırat nehirleri arasında bereketli topraklara sahip, yazının, tarım ve zanaat alanında yeni tekniklerinin kullanıldığı önemli bir uygarlık kurmuşlardır. Zengin bir mirasın birikimiyle Sümerler kendi mitolojilerini geliştirdiler. Bu mitoloji içinde önemli olan insanın yaratılması miti engellilik çalışmaları için oldukça kıymetli veriler içermektedir. Enki ve Ninmah'ın insanın yaratılış miti çivi yazılı tabletler hâlinde yaklaşık yüz elli satırlık bir metindir. Sümer yaratılış miti, engelleri toplumsal hayata dâhil etmeye dair retorik girişim olarak değerlendirilmektedir. Bu mitin, ilgili bölümde, ayrıntıları ve engellilik çalışmaları doğrultusunda analizi bulunmaktadır.

Antik Mısır uygarlığı Nil kıyılarında MÖ III. binyılda gelişirken, Mısırlıların inançlarından da özgün ve kapsamlı bir mitoloji vücut bulmuştur. Burada yapılan paleolojik ve ikonografik araştırmalar, engelliliği analiz etmek konusunda önemli veriler sunmaktadır. Mısırlıların ölümden sonraki hayat hakkındaki inançları ve Mısır ikliminin uygun koşulları sayesinde ölüleri mumyalama ortaya çıkmıştır. Bu uygulamalar neticesinde cüce insanların da mumyaları bulunmuştur. Cüceler antik Mısır'da gizemli olarak algılanmışlardır. Ayrıca antik Mısır mitolojisinde cüce tanrılar da bulunmaktadır. Bes ve Ptah bunların en önemlileridir. Bu tanrılar hayat ve insanlar için; evlerin ve çocukların koruyuculuğu, iblisler ve zararlı hayvanlardan koruma, doğum ve büyüme, şifa ve arınma, yenilenme ve gençleşme gibi oldukça önemli işlevler üstlenmişlerdir. Mitlerin engellilik bakımından analizinde, bu inançların antik Mısırlıların engellilere yönelik tutumlarını nasıl etkilediği, engellilerin Mısır toplumunda görünürlüğü gibi konular üstünden yapılmaktadır.

Japon mitolojisinde engellilik, ilk insanın yaratılmasıyla dikkat çeker. Budizm, Konfüçyanizm ve Şintoizm, Japonların engellilikle ilgili tutumlarının temelinde bulunur. Engelliliği anlamlandırmada kader ve karma önem arz eder. Bu doğrultuda bu durumun lanet ya da ceza olarak anlam bulduğu dikkate alınır. Bazen de kötü şeyleri gidermek için nimet olarak da değerlendirilmiştir. Hatta kimi zaman mitolojide engellilik, sükûnet ve hayranlık ile alakalı görülmüştür. Bu mitolojide tanrı İzanagi ve tanrıça İzanami'nin insanın yaratılışı mitinde, evlilik seremonisini uygun gerçekleştirmediklerinden dolayı, ilk insan olan çocukları Hiruko bir engelli olarak doğar. Mitin engellilik bağlamında analizi süreç ekseninde temellendirilmiştir.

İskandinav mitolojisinde engellilik, tanrıların özellikleri olarak ön plandadır. Güçlü klan sadakatine sahip ve cesur kâşifler olan İskandinavlar, MÖ 1600-450 yılları arasında tarih sahnesinde yerlerini güçlendirdiler. Böyle bir birikimle desteklenen mitolojileri de zengindir. Bu mitolojide dört önemli tanrı aynı zamanda engellidir. Tanrıların babası Odin bilgelik için bir gözünü feda eder. Odin'in oğlu Hod ise kör bir tanrıdır. Tanrıların en cesuru Tyr ise bir kurt ile mücadelesinde kolunu kaybeder. Yine bilgelik isteyen koruyucu tanrı Heimdall da bunun karşılığında kısmen de olsa işitme yeteneğinden vazgeçer. Dolayısıyla bu engelli tanrıların mitleri üstünden engellilik konusunda analizler yapılmaktadır.

Çin mitolojisi elli altı etnik grubun mitlerinden oluşmuştur. Bu mitlerin en eski yazılı kayıtları yaklaşık üç bin yıllık tarihe geri götürülebilir. Bu mitolojide insanın yaratılması ile ilgili iki büyük tanrı olan Nüwa ve Fushi bulunmaktadır. İkisi de Çin medeniyetin kurucu kahramanlarıdır. Tarım, zanaat, madencilik gibi birçok alanda insanlara yardım ve öncülük yaptıklarına inanılmaktadır. Nüwa sarı toprağın birçok tonundan çeşitli özelliklere sahip insanlar yaratır. Bu doğrultuda fakir ve çeşitli engellere sahip insanlar gibi insanlarda da yaratılmıştır. Bununla beraber mitin engellilik bakımından analizi de bulunmaktadır.

Antik kültürlerden biri de Hint kültürüdür. Bu kültür çok teferruatlı ve birçok kültürü etkilemiş mitoloji üretmiştir. Bu mitolojinin iki büyük destanı en önemli kaynaklar arasındadır: Ramayana ve Mahabharata. Bunlara ek olarak güçlü bir şiirsel niteliğe sahip olan Puranalar mitolojik konuları bir araya getiren önemli bir kaynaktır. Bu kaynaklarda engelliliğe dair en önemli örnek şafak tanrısı Aruna'dır. Ayrıca, kör bir bilge olan

Dirghatamas'ın temsilleri üstünden mitlerin analizi yapılmaktadır.

Bu çalışmanın, engellilik çalışmaları literatürüne katkı sunması ve ilgili alana yeni perspektifler sağlaması umulmaktadır. Çalışma engellilik konusunda, mitolojilerdeki tüm karakter, olay ve vurguları barındırdığı iddiasında da değildir. Ayrıca engellilik olgusunun güncel durumunu tartışmak ya da çeşitli başlıklarda mitolojik boyutlarıyla karşılaştırmak çalışmanın amacını aşmaktadır. Dolayısıyla söz konusu hususlar yeni çalışmalar için önemli araştırma başlıkları olarak değerlendirilebilir. Elbette daha derin ve ayrıntılı araştırmalar mitolojilerde engellilik konusuna ilişkin birçok bilgiyi ortaya çıkaracaktır.

1. MİTİN TANIMI VE ÖNEMİ

Mitler ortak rüyalar; rüyalar kişisel mitlerdir.

J. Campbell

Mitin tanımı hakkında bir uzlaşı mevcut değildir. Çeşitli disiplinlerden araştırmacılar, miti farklı şekillerde yorumlamışlardır. Bu doğrultuda mitler, tarihi olayların çarpıtılmış hatıraları, mantık öncesi düşünce tarzı, bilinçaltının yansıması, doğanın sembolik tanımları ya da toplumsal düzen hakkındaki sembolik anlatılar olarak görülmüştür (Pinch, 2002: 1). Bir dinler tarihçisi mitin, kutsal törenler ve inançlar olduğunu söyleyebilir. Bir antropolog ise miti muhtemelen bir davranış, uygulama veya sosyal kurum hakkında bir anlatı olarak değerlendirecektir. Aslında, mitler bir açıdan doğrudur çünkü gerçekler üzerine kuruludur, içinde yaşadığımız somut dünyanın sorunlarını ele alırlar (Bastian ve Mitchell, 2004: 1).

Mitler garip, tuhaf ve fantastiktir. Kültürel sembolizmle dolu ve ilgili kültürün dışından birinin anlaması zor olan anlatılardır. Bu garip anlatıların, başka kültürler tarafından saygıyla değer bulabileceğini düşünmek, inandırıcı olmayabilir. Ama işin önemli kısmı şu ki, bu durum her kültür için geçerlidir. Tuhaf görünen sadece diğer kültürlerin mitleridir. Kişinin kendi kültürüne ait mitleri mantıklı, anlaşılır ve tabii ki derin manalar içerir (Thompson ve Schrempp, 2020: 27). Bunlara ek olarak Leeming (2010) insanlar ile inandıkları mitler arasında güçlü bağlar olduğunu söyler. Toplumlar kendilerini mitleriyle tanımladılar, bu mitlere adadılar. Herhangi bir kültürün mitleri o kültür için doğru ve kültürün ruhuna gömülüdür. Bu durum, Keltler, Yunanlılar, Hindular, Mısırlılar, Kuzey Amerika yerlileri ve başka yerli halklar için de geçerlidir

Mit, tarih olmayan şeydir. Tarihsel bilgiler bir doğruluk değerine sahiptir. Mit ise kurgudur. Örneğin: Athena'nın Zeus'un kafasından doğduğuna dair bir mit vardır. Bu tamamen gerçek dışıdır. Zeus asla var olmadı, Athena da. Ayrıca kimse kimsenin kafasından da doğmadı. Öte yandan birçok kişi, Agamemnon'un Truva seferi mitinin altında tarihin yattığına inanmaktadır (Dowden, 1992: 4).

Wilkinson ve Philip (2007: 14) mitlerin birkaç özelliğini ön plana çıkarmaktadır. Mitler kutsal hikâyelerdir. Tanrıların ve insanın yaratılışını, kahramanların maceralarını, cennetin ve yeraltı dünyasının niteliklerini ve yaşam sona erdiğinde nelerin olacağını anlatırlar. Esas gerçekliği keşfetmenin araçlarıdır. Birçok anlam içerirler. Sabit değil, esnektirler, değişen koşullara uyum sağlarlar. Bolton (2002: 3) mitin, dinî bir hikâye olduğunu dile getirir. Mit doğru olduğu gibi, kutsal da kabul edilir. Evrenin yaratılışı için bir açıklamaya, aynı zamanda varoluşumuzun anlamı ve amacı gibi hepimizin kendimize sorduğumuz temel soruları yanıtlamaya çalışır.

Thompson ve Schrempp (2020: 16) mitlere ilişkin şu belirlemelerde bulunmaktadırlar. Mitler gerçek dünyadan "önce"dir. "Mitsel zaman" yaşamdan önceki zamandır. Bu zamansal konum, mitlerin biçimlendirici anlatılar ve günlük yaşam için toplumsal sözleşmeler olarak işlev görmesini sağlar. Bu araştırmacılar göre mitler, olayların nasıl ve ne zaman ortaya çıktığını açıklayarak hayatı anlamak için kılavuzluk eder. Aynı zamanda dünyaya bir anlam vermek ve topluma bir ahlaksal boyut aşılamak için de yol gösterirler. Doğrudan kutsal ve esrarengiz olanla bağlantılıdır. Pek çok geleneğin başka uzay-zamansal yönleri olduğunu kabul etmemize rağmen, evrenin ve insanın yaratılışına ilişkin anlatılar, belki de mitin en özel tezahürlerinden bazılarıdır.

Campbell'a (2003b: 15-16) göre, mitolojinin kişisel ve toplumsal birçok işlevi vardır. Mitoloji, insanın kendisini (mikrokozmos), kültürü (mezokozmos) ve evren (makrokozmos) ile bütünlük içinde anlamlandırmasını sağlar. Doty (2000: 136-137) ise mitlerin şu işlevlerini ön plana çıkarmaktadır. Mitler, toplumsal hayatı onaylamaya hizmet eder. İnsanın sosyal ihtiyaçlarını tanrısal veya mitik prototiplerle ilişkilendirerek, toplumsal organizasyon için fikir birliği üretir. Toplumsal roller oluşturarak üyelerin birbirleriyle etkileşim içinde olmasını sağlar. Topluluğa, amaçlanan hayatı inşa etmeye yardımcı olur. Mitlerin bir başka toplumsal işlevi de kişisel ve toplumsal çatışmaları çözmektir. Ayrıca sosyal hiyerarşiler kurarak kişisel kimlikleri ve statüleri de pekiştirirler.

Tian'a (2020: 23-24) göre mitoloji doğal ve toplumsal olgular arasındaki nedensel ilişkiyi açıklamak için oluşturulmuş kutsal anlatılardır. Dolayısıyla mitoloji toplumsal yaşamın bir yansımasıdır. Mitolojik dünya, gerçeklikten tamamen farklı bir varoluştur. Ancak ikisi de gerçeğe dayalıdır. Mitoloji, toplumsal yaşamın ve kültürün bir parçasıdır. Bir aynadan farklı olarak, bu mitolojik anlatılar asla toplumda yaşananları yalın bir şekilde kaydetmez. Sosyal hayat, kurumlar ve davranışlar ile bu kurum ve davranışları koruyan anlatılardan oluşur. Yine ona göre, mitoloji sosyal kültürün önemli bir parçasıdır. Mevcut düzeni inşa eden gizemli bir kamuoyudur.

Jacobsen (1977: 7-8) mitlerin gerçek ve imgesel boyutuna vurgu yapmaktadır. Mitler imgelerle doludur. Mitin imgesi hiçbir şekilde alegori değildir. Mit dikkate alınmalıdır, çünkü doğrulanamazsa da önemli metafizik bir gerçeklere ilişkindir. Ancak Jacobsen'e göre mit, evrenselliğe ve berraklığa sahip değildir. Bir hakikati dile getirmesi bakımından şiir biçimi, iddia ettiğini temellendirmek doğrultusunda ise bir akıl yürütme biçimidir.

Antik Yunan bağlamında, March (2001: 9-10) mitlerin bazı toplumsal, dinsel ve sanatsal boyutlarına dikkat çekmektedir. Mitler, birçok medeniyette olduğu gibi antik Yunan kültürünün de merkezindedir. Dinsel festivallerde merkezî yer edinmişlerdir. Ozanlar tarafından söylenen, zamanla yenilenen ve MÖ 6. yüzyıldan itibaren sahnede oynanan sürükleyici trajik dramaların konusunu oluşturan anlatılardır. Bu mitler hikâyelerden fazlasıdır. Yunanlılara, tarihsel gerçek olmuşlardır. Çoğu zaman mitler bazı insanlar için, atadan kaynaklanan bir soyağacını, dünyadaki yerini ve büyük kahramanlarıyla ilişkisini gösterir. Görsel sanatlarda, duvar resimlerinde, heykellerde ve gündelik hayatın ayrılmaz bir parçası olan vazolarda resmedilmişlerdir. Batı hayal gücünü derinleştirip zenginleştirmiştir. Yüzyıllar boyunca sanatçılar için zengin bir metafor ve imge kaynağı olmuştur.

Mitler, insanlığın yaratıcı, manevi ve sosyal dürtülerinin birleşimidir. Herhangi bir toplumun sosyal yapısı, aile ve cinsiyet ilişkileri, avlanma ve tarım gibi değerleriyle de bağlantılıdırlar. Kendini tamamen mitolojisiyle özdeşleştirmiş bir toplum için bu dünyadaki her eylemin tanrıların yapıp ettikleriyle ilişkisi vardır. Venezuela'da yaşayan Warao halkında hayatın her yönü, ne kadar sıradan olursa olsun, kutsal duygularla doludur. Bu halkın mitolojisinin amacı, insanları içinde yaşadıkları karmaşık dünyayla uyumlu hâle getirme çabasıdır. Bir Warao bebeği doğduğunda, Warao tanrılarıyla ömür boyu sürecek karşılıklı saygı ve sorumluluk bağına girer. Bebeğin ilk ağlaması tüm dünyayı aşıp tanrı Ariawara'ya ulaşır ve tanrının karşılama çığlığı ile yankı bulur. Böylece Warao gibi halklar, doğal çevrelerine mükemmel uyum sağlar. Mitler, bir yandan yaratılış zamanındaki kutsal varlıklar hakkında heyecan verici anlatılar iken diğer yandan, insanlar için yaşadıkları ekolojik hayata ilişkin ayrıntılı rehberdirler (Wilkinson ve Philip, 2007: 16).

Parks (2009), toplumların ekolojik dünyalarıyla ilişkisinin mitlerine yansıdığını belirtir. Mitler rastgele hayaller değildir, içinde ortaya çıktıkları kültürler tarafından şekillendirilir. Bu nedenle mit, kendisine inanan toplumların değerlerini, coğrafi konumunu, doğal kaynaklarını ve sosyal organizasyonunu yansıtır. Örneğin, İskandinavlar sert ve buzlu kışların olduğu bir bölgede yaşarlar. Mitlerine göre dünyanın yaratılmasına yol açan varlığın buzdan yapılmış bir dev olması tesadüf değildir. Mitler aynı zamanda mevcut olan doğal kaynakları ve en çok değer verilen ürünleri de yansıtabilir. Amerikan Kızılderili mitlerinde mısır bitkisi, doğrudan tanrılar tarafından sunulan ya da bir tanrının vücudunda yetiştirilen yiyecek olarak kabul edilir. Benzer şekilde, Akdeniz kıyı bölgelerine özgü olan zeytin ağacı antik Yunan mitolojisindeki en önemli ağaçlardan biridir. Athena'nın Atina şehrinin vatandaşlarına evcilleştirilmiş ilk zeytin ağacını vermesinden sonra, şehrin tanrıçanın adını aldığı söylenir.

Leeming (1998: 4) mitlerin rüyalarla ilişkisinin ve arketipsel boyutlarının altını çizmektedir. Mitler kültürel rüyalardır. Mitolojideki evrensel kalıplar veya ortak motifler, arketip olarak adlandırılır, yani mitler bir bütün olarak insan türü için ortak olan psikolojik eğilimlerin yansımasıdır. Dolayısıyla mesele, mitin tarihsel bağlamını vurgulamak değil, mitin kendisinde içkin olan anlamı aramaktır. Çünkü mitler rüyalar gibi gerçektir. Gerçekten de mitlere insanlığın düşleri denilebilir. İstekleri ve korkuları temsil ederler. Mitler tüm toplumlara benzer şekilde hizmet eder.

S. Freud, mitolojinin "dış dünyaya yansıtılan psikoloji" olduğunu dile getirir. Kendisi ve Carl G. Jung gibi diğer psikologlar için, bütün toplumların aynı entelektüel ve kültürel gelişim aşamalarından geçtiği açıktır. Tüm insanlarda psikolojik süreçler aynı şekilde ortaya çıkar. Ne yazık ki, bu teoriler, mitlerin kaynakları ve kökenleri hakkında çok az güvenilir bilgiler verir (Mercatante ve Dow, 2009: 12).

Elbette, rüyalar kısmen bireyin kişiliğinin ve çevresinin ürünleridir. Ancak Jung, bireyin ruhunun bir bütün olarak insan ırkının ruhundan ayrılamayacağını göstermeye çalışmıştır. Rüyalar aynı zamanda insan ruhunun derinliklerinde gömülü kalıtsal kültürel temaların ürünleridir. Dolayısıyla mitler, herhangi bir ırkın veya kabilenin belirli sorunlarından ve endişelerinden kaynaklanır. Bunların daha derin bir düzeyde kaynakları, insan ırkının evrensel ruhudur. Aztek mitleri, Meksika'nın kendine özgü kültürel gerçekliğini yansıtır, ama İzlanda, Mısır ya da Yunanistan mitleriyle birlikte düşünüldüğünde, Aztek mitleri insanlığın ortak kaygılarını ortaya çıkarır (Leeming, 1998: 5). Jacobsen (1977: 12) birçok antik kültürde rüyalar ve gerçekler arasında keskin bir ayrım olmadığına işaret eder. Babilliler Yunanlılar gibi, rüyalarda bilgi elde etmek için kutsal bir yerde geceyi geçirerek tanrısal rehberlik aramışlardır.

İnsanlık tarihine bakıldığında tüm toplulukların benzer ölçüde bilgisiz oldukları ve ilkel bir dönem yaşadıkları bilinmektedir. Bir zamanlar Mısırlı, Yunanlı, Asyalı ve Avrupalı her hangi bir topluluğun atalarının inançlarının birbirlerine çokça benzedikleri kabul edilebilir. İlkel denilen topluluklar çevrelerinde temas ettikleri bütün varlıkların (ağaç, kayar, rüzgâr, ay, güneş vd.) iyiliğe veya kötülüğe sahip olduklarına inanmışlardır. Başka bir ifadeyle Avrupa medeniyetinin kaynağı kabul edilen Yunanlıların inandıkları doğaüstü güçler ile günümüzde Alaska'da yaşayan Kızılderilileri veya Avustralya yerlilerinin inandıklarından çok da farklı değildir (Usta, 2015: 10).

Mit terimini tanımlamanın zor olmasının nedenlerinden biri Bastian ve Mitchell'e (2004: 1) göre, mitler ile diğer geleneksel edebî anlatı biçimleri arasındaki benzerliklerdir. Örnekler arasında efsaneler, masallar, peri masalları, halk hikâyeleri, destanlar yer alır. Mitte olduğu gibi, bilim adamları arasında bunların tanımları konusunda da bir fikir birliği yoktur. Mit, halk masalı ve efsane genellikle belirli noktalarda birleşir.

Çoğunlukla mit, efsane ve halk hikâyesi birbirlerinin yerine kullanılır. Her üçü de bazı edebî hikâye türlerini ifade eder ve birçok benzerliği paylaşırlar. Efsane, nesiller boyunca aktarılan ve hiçbir somut kanıtı olmayan bir hikâyedir. Kökleri belirli bir kişiye, mekâna veya tarihsel olaya dayanmaktadır. Bu noktada, mit bir efsane olabilir ancak efsane bir mit değildir. Halk hikâyeleri ise biraz farklıdır. Tamamen kurgudurlar ve belirli bir kişiye, yere veya olaya dayanmazlar. Masallar manayı iletmek için sembolizmi kullanır, bu nedenle masallarda her şey mümkündür; örneğin hayvanlar, insanların eylemlerini üstlenir. Efsaneler gibi, halk masalları da mitlerin temel unsurlarına sahip değildir ve bir mit bir halk masalı olabilir ancak bir halk masalı bir mit olamaz (Bolton, 2002: 3). Buna ek olarak Mercatante (2009: 13) bir efsanenin ana karakterlerinin tarihi şahsiyetler olduğunu, efsanelerin tarihsel bir zaman içinde belirlendiğini ve sık sık belirli insanlara ve yerlere gönderme yaptığını belirtir. Ancak bu insanların kimliği nadiren anlatının kendisinde doğrudan ele alınmaktadır. Bu şekilde de efsane, tarihi hâle gelir.

Mitler; tarihsel, kültürel ve dinsel metinler olarak onları üreten topluluklar için değerlidir. Bu topluluklar hayatlarında önemli olan konuları tartışmış ve mitsel alanda çeşitli sembolik çözümler üretmişlerdir. Bu mitler sürekliliği sağlanarak da, toplumsal düzen için önemli kaynaklar olmuşlardır. Bu bağlamda tüm geçmiş toplumlar için engellilik canlı ve yaşanılan bir olgudur. Doğal olarak engelliliğin mitlere yansıması muhtemeldir. Bu çalışma mitlerde engellilik ile ilişkili konuları tespit etmeye çalışmaktadır.

2. ANTİK YUNAN MİTOLOJİSİNDE ENGELLİLİK

Antik dünyada engelliler istenmeyen çeşitli tutum ve davranışlara maruz kalmışlardır. Atinalılar, engellilere hayatlarını devam etmeleri için ödemeler yapmıştır. Onları askerlik hizmetinden muaf tutmuşlardır. Spartalılar da ise böyle bir durumu tespit etmek zordur (Penrose, 2015: 500). Ayrıca, engelli kişilere Atina devleti tarafından bakım ödenekleri de sağlanmıştır. Atinalıların, engellilere acıdıkları doğrulansa da, engellilerin devletten destek alma potansiyeline sahip olmaları, onlara önem verildiğini de gösterir. Bu yaklaşıma karşın, Spartalılar, siyasal hayatta cesaret ve yeteneğe aşırı vurgu yapmaktadır. Bu değerlendirme, Sparta yaşamının diğer tüm yönlerini de kapsamaktadır. Saygın Spartalı sınıfının tek amacı yetenekli savaşçılar yetiştirmektir. Xenophon'a göre Spartalı kadınlar, güçlü çocuklar doğurmak üzere şartlandırılmışlardır. Atinalılar, engelli askerlerin ve askerlik hizmetinden muaf tutulanların maaş almalarına izin verirken, Sparta'da böyle bir muafiyet kaydı tespit edilememiştir. Spartalılar engelliliği reddetmiş ve engelli olanlara karşı sert davranmışlardır (Penrose, 2015: 521-522). Elbette antik Yunan bu iki kentle sınırlı değildir. Ancak iki zıt uygulama dikkate alındığında bu iki kent örnek teşkil ederler. Diğer kentlerde de benzer uygulamalar mevcuttur. İki önemli kent devleti olma dolayısıyla bu karşılaştırma önemli görülebilir.

Bunun yanında antik Yunanlıların ve antik Romalıların engelli çocuk doğumlarına yükledikleri dinî anlamlar birbirinden tamamen farklıdır. Yunanlılar, doğuştan engelliliği garip bir durum ya da doğal düzende görülen sapmalar olarak görme eğilimindeyken, Romalılar ise bu durumu tanrısal hoşnutsuzluğun bir yansıması şeklinde yorumlamışlardır. Ruh göçü inanışına da pek itibar etmeyen Yunanlılar, böylece doğuştan engelli çocukların, aşağılanma duygusundan ve engelliliğin getirdiği yükten de büyük ölçüde engellileri kurtarmıştır. Buna rağmen Antik Çağ'da bazı engellilerin eğlence kaynağı olarak algılanmalarında ahlaki sınır net değildir. Edebî metinlerde Homeros'tan bu yana başkalarının fiziksel rahatsızlıkları eğlence nedeni olmuştur (Garland, 2010). Yunanlılar engellilerle bazen alay etmişlerdir. Ancak bu durum, antik Yunan dünyasında insanların, engellileri sınıfsal olarak ayırdığı, hor gördüğü, hatta engellileri toplumdan dışladığı anlamına gelmez (Rose, 2003: 3). Bununla beraber her olgunun kendi tarihsel bağlamını da dikkate almak gerekir. Toplumların kendi sosyal ve ekonomik gelişimlerinde her zaman olumlu nitelikte değişim yaşadığını söylemek zordur.

Antik Yunan klasiklerinde, önemli bir toplumsal niteliğe sahip "öteki" kavramı, seçkin bir erkek vatandaş olmayan herkesi (örneğin kadınlar, çocuklar, köleler, yabancılar) kapsayan bir kavramdır. Bununla birlikte, ötekinin bir unsuru olarak engellilik, toplumda çeşitli sorunlara neden olur. Ancak bu durum engellilerin Yunan toplumundaki konumunu kesin bir şekilde belirlemez. Toplumun üst kesiminde yer alan soylu bir erkek de, yaşlı bir filozof da engelli olabilir. Ailelerinden ve topluluklarından kovulmak bir kenara; engelli olanların, yaşadıkları yerlerde çevresiyle uyum içerisinde yaşadıkları ifade edilmiştir. Yarık damak, çarpık ayak dâhil olmak üzere çeşitli engellerle doğan bebekler, ölüme terk edilmemişlerdir. Yeni doğan bir engelli bebeğin, hayatta kalabilmesi için başta ebeveynleri olmak üzere toplum tarafından çeşitli önlemler alınmıştır. Sadece yeni doğan değil her yaştan engelli çocuğa değer verilmiştir. Ebeveynler ve topluluklar, onları herhangi bir talihsizlikten korumak için büyük çaba sarf etmiş kaza, hastalık, travma vb. sonucunda engelli olan çocuklar için çareler aramışlardır (Sneed, 2018). Bu doğrultuda Asklepios tapınakları her türlü rahatsızlık için şifa aranılan mekânlar olarak dikkat çekmektedir (Turan, 2018: 38). Bunun yanında Sneed (2018) engelli yetişkinlerin ise çeşitli statü ve rollerde: karı koca, rahibe ve rahip, işçi, çiftçi ve asker olarak ailelerine ve topluma destek sunduklarını dile getirir. Bununla beraber antik Yunan'da engellilik algısı değişkenolmuştur. Aynı engellilik türü, yaşam seyri boyunca farklı aşamalarda çeşitli sonuçlara ve anlamlara sahip olabilmektedir. Dolayısıyla, engelliliğin anlamı toplumdan topluma ve yıldan yıla değişmiştir.

Antik Yunanda engelli insanlar, görünüşleri nedeniyle alay konusu olmuş olsalar da muhtemelen tek bir kategoride toplanmış değildir. Hephaistos mitinde, Hephaistos'un Olimpos'tan[1] atılışı ve oraya geri dönüşü de dâhil olmak üzere bazı engellerle karşılaşmasına ve onunla alay edilmesine rağmen tamamen dışlanmış olmadığı görülebilir. Bu noktada modern "norm" kavramını kullanarak, bunu anlamak zordur. Antik Yunanlılar, şu anda modern toplumda var olduğu gibi, yerleşik bir normallik fikrine sahip değildi. Normal ve anormal yerine ideal ve grotesk[2] (garip) mevcuttur. İdeal-grotesk ayrımı da muhtemelen derecelendirme yoluyla olmuştur (Deris, 2013: 13-14).

2.1. Hephaistos: Ateşin Topal Tanrısı

Ateş çatırdadığında Hephaistos güler.

Olimpos panteonun[3] on iki üyesinden biri olan Hephaistos, ateş tanrısı ve ilahi demirci olarak bilinir. Tanrıların her biri için altından saraylar, hediyeler ve daha başka eşsiz eserler yapar. Yaptığı bazı önemli eserleri arasında; Girit'in bronz koruyucusu Talos, Harmonia'nın güzel kolyesi, Aetes'in boğaları ve Core'un

---

1 Olimpos Dağı, Antik Yunan mitolojisinde, tanrı ve tanrıçaların tepesinde yaşadıkları dağ.

2 Eski Çağ yapılarında bulunan tuhaf, gülünç figürlerden oluşmuş süsleme üslubu. Tiyatroda, kaba gülünçlüklerden, tuhaf ve olmayacak şakalaşmalardan yararlanan, karşıt görüntüleri, bağdaşmaz durumları şaşırtıcı biçimde birleştiren güldürü biçimi (TDK, 2023).

3 Herhangi bir mitolojide inanılan tanrıların tümünü ifade eden kavram (tanrıların birliği).

çiçek toplarken kullandığı altın sepeti vardır (Coleman, 2007: 470). O, Olimpos tanrılarının arasında dikkate değer bir figürdür. Fiziksel mükemmelliğe sahip değildir. Bununla birlikte demir işçiliği alanında yarattığı nesneler birer başyapıttır. Bu durum İlyada destanında ve Aeneid'de[4] ince ayrıntılarıyla anlatılmıştır (Roman ve Roman, 2010: 201). Achilles'in[5] (Aşil) için yaptığı kalkan onun en özel eseri ve zekâsının bir ürünüdür. Homeros bu eserin tasvirine yüz otuz satır ayırır (Brann, 2002: 41).

Hephaistos, antik Yunan kültüründe "Hephaistos'un alevi" olarak kalıplaşmış ateşin tanrısıdır (Bremmer, 2010: 194-195). Ona ilahi sanatkâr da denir. Kökeninin muhtemelen Küçük Asya'ya (Anadolu) dayandığı düşünülen insalcıl bir tanrıdır. Romalılar, onun demir atölyesinin Sicilya'da Etna Yanardağı'nın altında olduğuna inanmış (Daly, 2009) ve onu ateş tanrıları Vulcan ile özdeşleştirmiştir. Hephaistos, Sicilya kıyılarındaki volkanik bir adada yeraltı mağarasında bulunan demirhanesine iner ve burada fırının muazzam kavurucu sıcağı altında Aeneas[6] için,

---

[4] Latin şair Virgil tarafından MÖ I. yüzyılda bestelenen epik şiir. Aeneid, dünya edebiyatının önemli eserlerinden biridir ve Roma düşüncesi üzerinde önemli etkileri olmuştur.

[5] Truva Savaşı'nın Grek kahramanlarından, deniz perisi Thetis'in oğlu. Homeros'un İlyada'sının ana karakteridir. Truvalı Prens Paris onu topuğundan okla vurarak öldürür (Roman ve Roman, 2010: 201).

[6] Truva savaşının kahramanıdır. Aeneas, Virgil'in Latin epik şiiri Aeneid'de yer alır. Aeneas, Aprodite'nin oğlu ve Truva Kralı'nın yeğenidir. Homer'ın *Iliad* eserinde, Truva Savaşı sırasında sık sık tanrıların yardım ettiği cesur bir savaşçıdır. Truva'nın düşüşünden sonra, Aeneas İtalya'nın batısındaki Tiber nehrinin kıyısına yerleşir. Aeneas, Romalılar tarafından kendi soylarının kurucusu kabul edilir (Wilkinson ve Philip, 2007: 80).

tepeli bir miğfer, bronz bir zırh, kılıç, mızrak ve kalkan gibi muhteşem silahlar yapar (Roman ve Roman, 2010: 201). Sicilya ile beraber Lemnos[7] klasik zamanlarda, ona yapılan ibadetin önemli bir merkezidir. Diğer volkanik bölgeler de ilahi demirci ile ilişkilidir. Bu bölgelerden çıkan ateş ve duman onun atölyesinin kanıtı olarak kabul edilmiştir (Morford ve Lenardon, 2003).

O, insanlar arasında bilinen, barışçıl bir tanrıdır. Tanrıça Athena ile birlikte Atina şehrinde önemli yer tutar. Bu tanrılar tarımın, medeniyetin kaynağı olan sanatların, dokumacıların koruyucusudur. Atina'da, topluluğa kabul edilen gençler için yapılan törenin tanrısı da Hephaistos'tur (Hamilton, 2017: 35).

Bir mucit olarak Hephaistos, zeki ve gerektiğinde tuzaklar kuran bir yaratıcıdır. Antik Yunanlılar, engeline rağmen, zekâsı nedeniyle kendisine oldukça değer vermiştir. Bu zekâsı sebebiyle Hephaistos, ateşe hükmederek demire şekil verir. Onun engelliliği bir anlamda, demir atölyesindeki işinde ateş ve rüzgâr gibi değişken, akışkan güçlere hükmetmesine izin veren olağanüstü bir yetenek olarak görülür (Dolmage, 2006). Yaptığı işlerde, bazı engelleri olan efsanevi bir demirci ırkı ona yardım eder. Cüce demir işçileri, madenciler, dev yapılı ve tek gözlü tepegözler, kıskaç gibi elleri olan yengeç benzeri yaratıklar ve korkutucu sihirbazlar onun yardımcılarıdır. Bu yardımcılar, toprak ana ile yakından ilişkili gizli bir kardeşliği de temsil etmiştir (Ebens-

7 Limni olarak da bilinen Gökçeada'nın güneybatısında yer alan Yunan adasıdır.

tein, 2006). Bunların desteğiyle Hephaistos, kendine olağanüstü kanatlı araç yapar. Bu nitelikler aynı zamanda Hephaistos'un simgelediği söylenen özel zekâ biçimine de uygundur (Dolmage 2006: 121).

Hephaistos'un Kanatlı Sandalyesi
(Ertuğrul, 2013: 36).

Mükemmel bir zanaatkâr olan Hephaistos, biraz da büyücü gibi görünür (Daly, 2009). Görsel temsillerde genellikle sakallı, tıknaz, kaslı ve güçlü omuzlara sahiptir. Bazen yuvarlak şapka giydiği de görülür (Roman ve Roman, 2010: 202). Ciddi şekilde engellidir, lakabı ise "çarpık ayak"tır (Brann 2002: 41). Hephaistos, görünüşe göre on iki Olimposlu arasında, en az mutlu olandır. O doğduktan sonra annesi Hera, onu o kadar çirkin bulur ki Olimpos'tan atar. Bunun sonucunda denize düşer, Thetis[8] ve Eurynome[9] tarafından kurtarılır. Onu dokuz yıl boyunca denizin altındaki bir mağarada yanlarında tutarlar (Ehrentheil, 1974: 129).

Edebi metinlerde, Hephaistos'la ilk olarak Homeros'un destanları, İlyada ve Odysseia'da karşılaşırız. Bu destanlarda onun hayatı ve ona dair inançlar hakkında çok şey öğreniriz. Ayrıca Hesiod[10] Epic Cycle[11] ve Homeric Hymns[12] gibi birçok arkaik şiirde de Hephaistos'un varlığından söz edilir. MÖ 5.

---

[8] Nehirlerin ve okyanusların tanrıçasıdır. Achilles'in annesidir ve ilgili mite göre, oğlunu Styx'in sularına daldırarak ölümsüz kılmaya çalışır. Ancak başarısız olur, çünkü onu tutarken topuğu kuru kalmıştır. Bu nedenle Achilles de Truva savaşında topuğunda vurularak ölecektir (Jordan, 2004: 313).

[9] Titan soylu deniz tanrıçasıdır.

[10] Eserleri MÖ 800-700 arasına tarihlenen Yunan şairi. *İşler ve Günler* adlı eseri, Homeros'un İlyada ve Odyssey'indeki maceracılar ve saray mensuplarının aksine, sıradan insanların yaşadığı şekliyle antik Yunan'daki günlük hayatın canlı bir resmini sunar. Hesiod'un *Theogonia* adlı eseri ise mitolojiyle ilgilidir. Yunanlıların yaratılış, evren, tanrı ve tanrıçaların soyağacı hakkındaki inançlarını anlatır. Her iki eser de Antik Yunan din ve mitoloji araştırmaları için paha biçilmez kaynaklardır (Daly ve Rengel, 2004: 67).

[11] Antik Yunan destanlarının derlemesine verilen addır.

[12] Tanrılar ve tanrısal kahramanlar için bestelenen dinsel şarkılar, ilahiler.

yüzyıl trajedilerinde de ara sıra bahsedilen bir karakterdir. Hephaistos, Atina'da bulunan Agora tapınağı ve Akropolis'teki[13] sunağı dışında, Yunanistan'ın diğer birçok şehir ve kasabasında yaşatılır (Sneed, 2018: 250). İlyada destanında, Hephaistos orta yaşlı, sakallı, kalın boyunlu, kıllı göğüslü, alnı terli ve kolları kaslı, kolsuz bir tunik giymiş, bir demirci olarak tasvir edilmiştir. Karısı, onun romantik arkadaşı ve atölyede yardımcısı olarak hizmet eden güzeller güzeli bir peri olan Charis'tir. Bunların yanısıra "süper engelli" Hephaistos yüce ve seçkin biri olarak tasvir edilmiştir. Örs, çekiç ve maşa kullanır, metallerle çalışır ve harika nesneler yapar. Demir atölyesi, kendi için özel olarak tasarlanmıştır. Yunan mitolojisinde, Hephaistos ile ilişkilendirilen demir ustalığı, herkesçe çok beğenilen bir özelliktir. Batı toplumlarında, engelliliğin arketipsel[14] psikolojisi, hiç tartışmasız bir şekilde Yunan tanrısı Hephaistos ile başlatılabilir. Hephaistos, kendisine büyük hayranlık duyulan ve çalışan tek tanrıdır (Ebenstein, 2006).

---

[13] Antik Yunan'da kentlerin yakınındaki yüksek tepelere inşa edilen tapınaklar ve çeşitli kamu binalarının bulunduğu yüksekçe alan.

[14] Bir şeyin prototipik bir örneği veya türetildiği düşünülen orijinal model. C. Jung'un analitik psikolojisinde, insanlığın birikmiş deneyiminden türeyen, bilincin yönlerini temsil eden bir dizi sembolden herhangi biridir. Bu kalıtsal semboller, kolektif bilinçdışında tutulur ve bireylerin dünyaya bakışında bir referans ve kişilik yapısının üzerine inşa edildiği temellerden biri olarak hizmet eder (APA, 2023)

MÖ 490–480 yıllarına tarihlenen, Attika yöresine ait kırmızı figürlü bu kylix (bir tür şarap kadehi) resminde Hephaistos, Akhilleus için yaptığı savaş eşyalarını annesi Thetis'e verirken tasvir edilmiştir. (www.worldarkeoloji.com)

Doğumu ve Olimpos'tan Atılışı

Hephaistos'un doğumu ve Olimpos'tan atılışı hakkında iki farklı görüş mevcuttur. Bu görüşlerin ilkine göre, Hephaistos

Athena'nın[15] Zeus tarafından tek başına doğumunu kıskanan Hera'dan,[16] biriyle herhangi bir aşk ilişkisi gerçekleşmeden, doğar. Hera'nın amacı, Athena'yı tek başına doğurduğu için Zeus'tan intikam almaktır. Dolayısıyla, Hephaistos, doğal bir ilişkinin çocuğu değil, kadın hıncının ve kininin ürünüdür. Hera, kocasıyla rekabet etmeye ve parlak gözlü Athena'ya rakip olabilecek şanlı bir oğul doğurmayı umut eder. Ancak talih Hera'dan yana olmaz çirkin, cılız ve buruşuk ayaklarla Hephaistos doğar. Hera utanç ve tiksintiyle onu Olimpos'tan atar. İkinci görüşe göre Hephaistos, Zeus ve Hera'nın oğludur. Olimpos'tan atılışının nedeni ise bir evlilik kavgasıdır. Genç Hephaistos, babasına karşı çıkıp annesine destek olur, buna öfkelenen Zeus ise onu Olimpos'tan aşağı atar. İlk versiyonda denize düşer, Thetis ve

---

[15] Zeus ve Metis'in kızıdır. Ares'in kadın muadili olan bir savaş tanrıçadır. Ancak aynı zamanda barış şefkat ilişkilendirilen bilgelik tanrıçasıdır. Atinalılar, Athena'yı ilk kralları Erichhonius'un atası olarak kabul eder. Athena'nın doğuşu hakkında farklı hikâyeler vardır. En bildik hikâyede, Zeus'un başından tamamen silahlanmış olarak doğar, bunun içinde Hephaestus babasının kafasını ikiye ayırmak zorunda kalır. Zeus daha önce eşi Metis'in yakında tanrılara hükmedecek bir çocuk doğuracağını öğrenince onu yutmuştu. Metis, bilgeliğiyle ünlüdür. Mit, Zeus iktidara geldiğinde bilgeliği (Metis) özümsediğini ve bu bilgelikten sanatların (Athena) geliştiğini söylemenin bir yolu olabilir. (Daly ve Rengel, 2004: 19).

[16] Olimpos'un kraliçesi, Zeus'un kız kardeşi ve eşi, Kronus ile Rhea'nın kızıdır. Ares, Hebe, Hephaestus ve Eileithya'nın annesidir. Evliliğin hamisi Hera, kadınların ve çocukların refahıyla en çok ilgilenen tanrıçadır. Sembolleri arasında, üzerinde guguk kuşu bulunan bir asa ve bereketin sembolü nar yer alır. Kutsal hayvanı ise tavus kuşudur. Hera, tamamen giyinmiş ve muhteşem güzellikte, bazen silindirik bir taç giyen genç bir kadın olarak tasvir edilir. Onun ve Zeus'un evliliği mutlu bir ilişki değildir, çünkü Zeus ona karsı sadakatsizdir. Hera ise bu nedenle kızgın, öfkeli ve kıskançtır. Zeus'tan ve aşklarından çeşitli şekillerde intikam almaya çalışır. Hera ve Zeus arasındaki birçok tartışma, kadının toprak ana olduğu eski tanrılar ile erkeklerin egemen olduğu yeni Olimposlular arasındaki çatışmaları yansıtıyor olabilir (Daly ve Rengel, 2004: 61).

Euryneme tarafından kurtarılır, ikincisinde ise Lemnos adasına düşer (Coleman, 2007: 470; Ebenstein, 2006; Garland, 2010: 62: Hamilton, 2017: 35; Morford ve Lenardon, 2003).

Yunan mitolojisinde tanrılar ölümsüzdür ve sonsuza dek Olimpos'tadır. Ancak Rinon (2006: 6) Hephaistos, sanki oraya ait değilmiş gibi Olimpos'tan atıldığını dile getirir. Dünyaya düşmesi tam bir gün sürer. Ona göre bu anlatı, diğer tanrısal yolculukların yeryüzüne varma hızları düşünüldüğünde yavaş ve tuhaf bir yolculuk olarak karşımıza çıkar. Çünkü Thetis hızla Olimpos Dağı'ndan okyanusun derinliklerine atlar, Athena parlak bir yıldız gibi hızla kayıp yeryüzüne, Apollon[17] bir şahin gibi hızlıca Truva'ya iner fakat Hephaistos'un yolculuğu bu anlatıların aksine bütün bir gün sürer.

Homeros, Thetis ve Eurynome hakkında fazla ayrıntı vermez. Bununla birlikte onların, Hephaistos ile olan ilişkilerine mecazi olarak atıfta bulunur. Dokuz uzun yıl boyunca annesi gibi ona destek oldular. Hephaistos için üvey anneleriyle geçirdiği bu acılı dokuz yıl unutulmayacaktır. İlk versiyonda düşüş vücudunda sonsuz bir fiziksel engel bırakır ancak ikinci versiyona göre bu düşüş sonsuza dek ruhunu yaralar (Rinon, 2026). Bu süre zarfında, Hephaistos'un nerede olduğunu ne tanrılar ne de insanlar bilir. "Hera'nın Altın Tahta Bağlanması" olarak bilinen ünlü hikâyeye göre Olimpos'tan kovulmasının intikamını almak isteyen Hephaistos, yıllar sonra annesine hediye olarak güzelce

[17] Özellikle müziğin, şiirin ve sanatların tanrısıdır.

işlenmiş altın bir taht gönderir. Hera sevinçle tahtın üzerine oturur ancak kalkmaya çalıştığında, görülemeyecek kadar ince altından yapılmış bir ağa yakalanır. Altın taht daha sonra havaya yükselir ve Hera kendini bir sihirbazın numarası gibi havada bulur. Olimposlular, kraliçelerini nasıl serbest bırakabilecekleri konusunda çözüm ararlar ancak bu sırrı bilen yalnızca Hephaistos'tur. İlahi demirciye Olimpos'a dönmesi ve annesini serbest bırakması gerektiği mesajını gönderirler ama o inatla annesini çözmeyeceğini söyler (Ebenstein, 2006). Ares[18], Hephaistos'u zorla Olimpos'a getirmeye yemin eder ancak ilahi demirci tarafından fırlatılan alevlerden kendini zar zor kurtarır. Savaş tanrısı, yenilgiyle Olimpos'a geri döner. Bunun yerine inatçı Hephaistos, onu sarhoş eden Dionysos[19] tarafından Olimpos'a getirilir. Sarhoş bir şekilde, Dionysos ve onun satirleri[20] tarafından eşlik edilen bir eşeğin üzerinde Olimpos'a getirilir (Brann, 2002). Hephaistos'un Olimpos'a dönüşü, MÖ altıncı yüzyılın başından beşinci yüzyılın sonuna kadar Attika[21] vazo resimlerinin en popüler sahnesi olmuştur. Bu tasvirler zaman zaman diğer çanak çömlek formlarında da bulunur (Brennan, 2016: 163). Olimpos'a geldiklerinde herkes orada, Hera da tahta bağlı hâldedir. Korkak Ares, sandalyesinin arkasına saklanmıştır. Di-

---

18 Savaş tanrısıdır. Zeus ve Hera'nın oğlu, Hephaistos'un kardeşidir.

19 Şarap ve hazzın tanrısıdır. Dionysos genellikle yarı çıplak, genç bir tanrı olarak tasvir edilir, başı asma yaprakları ve üzümlerle taçlandırılmış, bir elinde bir kadeh şarap, diğerinde bir asa taşır (Daly ve Rengel, 2004: 41-42).

20 Yarı keçi yarı insan biçiminde kır ve ormanda yaşayan yaratıklardır.

21 Atina ve etrafını içine alan bölgeye verilen isimdir.

ğer tanrılar ise duruma gülmektedir. Ancak Hephaistos, Hera'yı karşılığını almadan serbest bırakacak kadar sarhoş değildir, bedel olarak güzellik tanrıçası Afrodit ile evlenmek ister (Brann, 2002).

MÖ 5. yüzyıla ait bir içki kabında, soldan sağa: Eşeğin üstünde Olympos'a dönen Hephaistos. Başındaki sarmaşık yapraklarından yapılmış taç onun Dyonisos tarafından sarhoş edildiğini sembolize ediyor. Eşeğin hemen önünde elinde içki kabıyla Dyonisos, onun önünde bir satir, flüt çalıyor. En sağda Hera, tuzaklı tahta oturmuş, bir hizmetlisine kendini serinletiyor.
(www.theoi.com)

Hephaistos, Afrodit'i eş olarak almak için Zeus'a eşsiz hediyeler verir. Aşk ve güzellik tanrıçası Afrodit, Hephaistos'u istemez. Ares'i, çirkin görünümlü, engelli Hephaistos'a tercih ediyordur. Buna rağmen evlilik gerçekleşir. Ancak Afrodit Hephaistos'a sadık kalmaz. Günün birinde, gökyüzündeki günlük seyahatlerinin birinde her şeyi gören güneş tanrısı Helios, Afrodit'in sadakatsizliğini görür ve bu durumu Hephaistos'a anlatır

(Ehrentheil, 1974: 130). Bunun üzerine Hephaistos yine bir plan kurar, görünmez olduğu kadar sağlam bir ağ yapıp yatağının üzerine yerleştirir ve karısına Lemnos'a atölyesine gideceğini söyleyip oradan ayrılır. Hephaistos gider gitmez, Ares sevinçle eve gelir, Afrodit'i kucaklar ve yatağa götürür. Hephaistos'un hazırlamış olduğu tuzak burada da işe yarar ve âşıklar yakalanır (Ehrentheil, 1974: 130). Hephaistos daha sonra öbür tanrılara bu durumu göstermek ve intikam talep etmek için tanrıları davet eder. Ancak tanrılar, yasak ilişki yaşayanları zincire vurulmuş hâlde görünce sadece gülerler (Rinon, 2026: 12). Hephaistos, çirkin ve engelliliği sebebiyle annesi tarafından reddedildikten sonra, aynı sebeplerle şimdi de karısı tarafından ihanete uğrar (Ebenstein, 2006).

Garland (2010) Hephaistos'un gülünç bir duruma düştüğü bir başka sahneye dikkate çeker. İlyada'nın sonundaki bu ünlü sahnede, Olimpos'ta bir ziyafette, Hephaistos beklenmedik bir şekilde koltuğundan kalkıp, şarap bardaklarını doldurmak için salonda koşuşturmaya başladığında, tanrıların bastırılamaz kahkahalar duyulur. Olay, Zeus'un, Hera'yı, deniz perisi Thetis ile ikiyüzlü bir anlaşma yaptığı ve böylece Truva[22] atlarının Achaialılar[23] üzerinde geçici bir üstünlük elde etmesini sağladığı yönündeki suçlamasının ardından gerçekleşir. Hephaistos'un şarap dökücü olarak yer aldığı bu sahne, gerçek hayatta tıpkı

[22] Truva Savaşı, Yunan mitolojisinde, Akalar ile Anadolu'daki Truva (Çanakkale) kenti arasındaki savaştır.

[23] Akalar, Homeros'un eserlerinde Antik Yunan halklarının ortak adıdır.

mitlerde olduğu gibi şarap dökücü rolünün genellikle sevilen olağanüstü güzelliğe sahip genç bir adama verilmiş olması gerçeğiyle daha da alaycı hâle gelir.

Penglase (1994: 169) Hephaistos'un aktif olarak yer aldığı iki önemli olaya daha dikkat çeker: Prometheus'un cezalandırılması ve Pandora'nın[24] yaratılması. Prometheus, insanların hayatta kalmasını ve zanaatların gelişmesini sağlayacak ateşi onlara götürmek için gizlice alır. Sonra onu insanlığa verir, buna karşılık Zeus öfkeyle insanlardan intikam alacağını ilan eder. Alacağı intikam için Zeus, Hephaistos'a su ve toprağı karıştırmasını ve "ölümsüz tanrıçalar gibi" güzel yüzlü bir bakire yaratmasını, Athena'ya onu süslemesini ve Afrodit'e ona çekicilik ve acı verici bir arzu aşılamasını emreder. Bunlarla yetinmeyip Hermes'e[25] ona utanmaz bir zihin ve kurnaz bir karakter vermesini ister. Buna göre Hephaistos, toprağı bir bakirenin görüntüsüne dönüştürür. Athena onu süsler ve giydirir. Hermes, göğsüne yalanlar ve kurnaz bir karakter koyar. Olimpos'taki tanrıların her biri bir hediye verdiği için ona Pandora adı verilir. Böylece, erkekler için kaçınılmaz bir cazibe hâline getirilir. Er-

---

[24] Yunan mitolojisine göre yaratılan ilk kadındır. Tanrılar onu yaratır ve tüm talihsizlikleri dünyaya bir kutuyla götürmesi istenir. Prometheus hediyeyi ret eder ancak kardeşi Epimetheus Pandora'nın güzelliğine direnemez ve kabul eder. Pandora kutsal vazoyu (Bazen Pandora'nın Kutusu olarak adlandırılır.) açtığında ve içindeki tüm kötülükler dünyaya yayılır. Vazonun içinde sadece umut kalır ve umut insanlığın tüm zorluklara rağmen yaşamaya devam etmesini sağlar (Daly ve Rengel 2004: 99).

[25] Zeus'un oğlu ve tanrılarının habercisidir. Sürülerin, yolların ve ticaretin tanrısıdır. Hades'e (yeraltı ülkesi) giden yolda ruhların rehberidir. Aynı zamanda çobanların, gezginlerin ve hırsızların koruyucu tanrısıdır. Hermes, kıvrak zekâsını ve cazibesini kullanarak tanrılara ve ölümlülere sık sık yardım eder (Daly ve Rengel, 2004: 67).

kekler için acı verici zahmetlere maruz bırakan ve dinmek bilmeyen bir keder kaynağı olur (Penglase, 1994: 169). Diğer önemli olay da Zeus'un emriyle Hephaistos, Prometheus'u işkence göreceği kayaya zincirlemesidir (Dolmage 2006: 130).

Mitlerin Engellilik Bakımından Analizi

Ebenstein'a (2006) göre, Hephaistos ile ilgili mitler engellilik çalışmaları için oldukça derin ve kapsamlı boyutlar içermektedir. Engelliliğin tarihsel arka planını anlamada çeşitli başlıklar sunmaktadırlar. Modern engellilik çalışmalarında başvurulan önemli bir alan olan arketipsel psikoloji için de önemli bir veri kaynağıdırlar. Ona göre, ilgili tarihsel literatür sonucunda, Hephaistos'un engelli insanlarla ilişkili birçok özelliği bünyesinde barındıran karmaşık bir figür olduğu ortaya çıkmıştır. Engelli insanlarla ilgili bazı kültürel klişelerin ilk versiyonları bu mitte bulunabilir. Mitlerdeki her anlatı, engellilik deneyimini ve bunun toplumdaki yansımasını anlamamıza yardımcı olabilecek bir derinlik taşımaktadır.

Hephaistos mitleri antik Yunan'daki engellilik algısının, modern engellilik tezahürünün bir parçası niteliğinde olduğunu belirten Deris'e (2013: 17) göre antik Yunanlılar engelliliği gündelik mizaha uygun bir durum olarak gördüler. Ayrıca, modern edebiyatta yer alan "şeytani engelli", "gerçekçi engelli" ve "süper engelli" gibi engelli insanlara dair bazı yakıştırmaların izleri antik Yunanistan'a kadar götürülebilir. Bu noktada, Hephaistos mitleri, tüm bu konuların incelenmesi için ideal bir başlangıç noktası işlevi görür. Mit, engelli imgeleri açısından oldukça zengindir.

Bedensel mükemmelliğin fazlasıyla değer gördüğü antik Yunanda engelli bir insan olmak nasıl arzu edilmez bir kaderse, mükemmel tanrıların arasında yalnız ve uyumsuz Hephaistos'un kaderinin de böyle nahoş bir kader olduğunu belirten Garland (2010), Hephaistos'un engelliliğin nedenlerini anlamaya çalışırken bu tür bağlantıların tamamen göz ardı edilemese de onun engellilik durumunun otantik bir sosyal gerçekliğe uygunluğunu bir hakikat olarak dile getirir. Zira metal işçiliği, engellilerin yapabileceği birkaç meslekten biridir. Antik dünyada engelliler, muhtemelen görme engellilerden (körlerden) daha iyi durumdaydı. Çünkü onlar için mevcut toplumsal yapı içerisinde çanak çömlek yapımı, vazo boyama, deri ve metal işleme gibi daha çok meslek vardı. Ona göre engelli Hephaistos'un ilahi demirci rolü, günün sosyal koşullarına da uygundur. Burada telafi edici bir ilke iş başındadır, çünkü çoğu zaman engellilerin hareketsizliklerini telafi etmek için son derece güçlü kol ve göğüs kasları geliştirdiği, uzuvlarında meydana gelen yetersizlikleri telafi etmek için var olan başka duyusal alanlara yüklenildiği ve sürekli hareketli olmayı gerektirmeyen işler yaptıkları sonucu karşımıza çıkar.

Antik Yunanda engelli olan bireylerin iş gücüne katılmaları normal karşılanmış, zanaatkârlık tanrısı Hephaistos'un kendisinin de engelli olduğu bir kültür bağlamında bu durum şaşırtıcı olmamıştır. Hephaistos'un engelliliği, zanaat üretimiyle uğraşmasını engellemediği gibi, aslında bunu yüksek bir düzeyde yapmasını da sağlamış olabilir. Savaşçı kadınların egemen olduğu bir topluluk olan Amazonların, erkek bebeklerinin dizlerini veya kalçalarını yerinden çıkardığını ve bu nedenle büyüyüp kadınlara karşı komplo kurmalarını engelledikleri söylenir. Erkek bebekler daha sonra çeşitli el işleri yapmak için büyütülür. Hephaistos ile Amazonların erkek bebekleri arasındaki açık bir ilişki kurulamayabilir. Ancak her iki hikâye de engelli çocukların mutlaka bağımlı olarak görülmediğini, aktif hareket gerektirmeyen işler yapmak için çırak olabileceklerini öne sürer (Sneed, 2018).

Antik Yunan'da, engelliliğe dair tek bir engellilik deneyimi yoktur. Bu doğrultuda Sneed (2018), Hephaistos mitlerinin antik Yunan'daki engelliliğin birkaç temel özelliğini taşıdığının üstünde durmaktadır. Hephaistos'un engeli doğuştandır. Doğumdan yetişkinliğe kadar hayatının her aşamasında onu etkilemiştir. Antik Yunanlılarda, Hephaistos engelliliği sebebiyle topluluğundan dışlanmamış ve haklarından mahrum bırakılmamıştır. İnsanlar tarafından onurlandırılmış ve kendisine Olimposlular tarafından büyük ölçüde güven duyulmuştur. Engelli olmasına rağmen tanrılar arasında eşittir. Hephaistos'un engelliliği onun için sınırlamalar getirmiştir ancak o bu duruma uyum sağlamayı başarmıştır. Hephaistos mitlerinde engellilik gibi durumların durağan olmadığı açıkça görülebilir. Nitekim engelliliğe ilişkin anlayışlar ve temsiller sosyal bağlama ve zaman göre değişmektedir.

Olgunlu (2018: 103) Hephaistos'un Olimpos'tan atılışının nedenlerinin antik Yunan aile yapısında aranılabileceğini ifade eder. Hera kocasından habersiz ve onunla rekabet içinde bir çocuk doğurmak ister. Bu "kadın kocasından habersiz hiçbir şey yapmaz yaparsa da bu bir ceza olarak karşılık bulur" anlayışının bir tezahürü olarak değerlendirilebilir. Mitte bu ceza engelli bir çocuk doğurma ile eşleştirilmiştir. Öte yandan aile içi bir tartışmada babanın sözünün dinlenmemesi ona karşı çıkılması da Yunan toplumunda söz konusu değildir. Babanın otoritesi tartışılmazdır. Dolayısıyla Hephaistos babaya karşı çıkmanın cezasını ödemiştir.

Hera tarafından Hephaistos'un reddedilmesi, ortalama bir antik Yunanlı annenin engelli bir çocuk doğurduğunda verdiği tepkiye benzer. Hera, engelli çocuğunu, Olimpos'tan atarak sorununu çözebileceğini ummuş olabilir. Ancak Hephaistos'un ölümsüz olması, Olimposluların bir zanaatkâr olarak aşağı statüsüne rağmen onu kendi aralarına kabul etmekten başka çarelerinin olmadığı anlamına gelir. Bu mitolojik anlatının ardından engelli çocuklara sahip birçok ebeveyn, böyle bir çocuğu yetiştirme konusundaki yanlış davranışlarından pişmanlık duymuş olabilir (Garland, 2010).

Hephaistos, kendine yapılanlar konusunda pasif bir tutum takınmaz aksine intikamcı bir ruha sahiptir. Annesi Hera, kendisini reddettiği için onu bir tahtta hapsederek hareketsiz bırakır. Aphrodit, kendisine karşı sadakatsiz olduğunda onun da hareket etmesine engel olur ve Olimposluların onunla alay etmesini sağlar (Deris, 2013: 16). Karısı Aphrodit ile evlilikleri garip ve fırtınalıdır. Bir tarafta güzellik, öbür tarafta da fiziksel bir engellilik vardır. Hephaistos, karısıyla duygusal birlik sağlayamaz. Afrodit, kocasına sadık değildir; yakışıklı, acımasız ve güçlü Ares'i tercih etmiştir. Gülünç ve acınası bir anlatı yani trajikomik bir hikâyedir. Bu hikâye, derin ahlaki yargı ve kanaatlere nüfuz etmiştir (Morford ve Lenardon, 2003). Hephaistos, cinsel açıdan yetersiz olduğu için değil, çirkin olarak algılandığı için aldatılmış bir erkek olarak tasvir edilmiştir. Topallığı, bedenin simetrisine değer veren toplumun güzellik anlayışına aykırı olarak görülmüştür. Mitin cinsel yetersizlik teorilerine dayanan yorumlarının psikanalitik yaklaşımdan kaynaklandığı görülmektedir. Bu nedenle tarihsel literatürden anlaşıldığı kadarıyla, "Chatterley Sendromu"[26] ve engellilerin cinsel açıdan yetersiz olduğu klişesi, nispeten modern bir yaklaşımdır. Engelliliğine rağmen Hephaistos, tanrıçaların en güzeli ve en erotik olanı

---

[26] Edebiyat eleştirmenleri Hinz ve Teunissen'a (1985) göre, D.H. Lawrence'nin Lady Chatterley's Lover (1993) adlı romanı, belirgin bir şekilde, Ares-Afrodit-Hephaestus mitine gönderme içerir. Bu eleştirmenler, savaş gazisi Clifford Chatterley karakterinde somutlaşan engelli tanrıyı, kadının tekerlekli sandalyeye mahkûm olan kocası olarak görürler. Bununla birlikte, bu kurguda, ruhu engelli, iktidarsız bir hastaya baktığı için hem cinsel hem de duygusal olarak mağdur olan güzel ve genç eş, aşksız bir evliliğe hapsolmuş bir sevgilidir. Engelli bilim insanı Louis Battye (1966) tarafından Chatterley Sendromu olarak atıfta bulunulan bu tema, Lawrence tarafından aşırıya götürülen bir kişinin bir kez engelli olduğunda artık bir erkek olmadığı fikri üzerine kuruludur (Ebenstein, 2006).

Aphrodit'i karısı olarak talep edecek özgüven, cüret ve saflığa sahiptir. Bu onun erkekliği ve cinsel kimliği konusunda kendine güvenini ifade eder (Ebenstein, 2006). Hephaistos, zina yapanlar için bir tuzak kurar ve intikamını alır. Aldatılmış olarak görünür ancak akıllı ve Ares'ten "daha iyi bir adam" olarak temsil edilir (Dolmage 2006: 131). Yavaş olmasına rağmen, tanrıların en hızlısı Ares'i yakalar; hüneri ve kurnazlığı sayesinde başarılı olur (Rinon, 2026: 14). Yunanlılar, topal Hephaistos'un zekâsı ve becerisiyle çevik ve güçlü Ares'i geride bıraktığı gerçeğini özellikle sevmişlerdir (Morford ve Lenardon, 2003).

Olimpos'ta doğumu ve oraya dönüşü ile ilgili mitlerde, Hephaistos'un annesine karşı öfke duyduğu ve kırgınlık hissettiği belirtilmiştir. Dionysos, onu diğer Olimposluların içine yeniden dâhil eder. Afrodit'le evliliğinde ve Ares'le olan rekabetinin anlatıldığı mitte insana ait engellilik, güzellik, çirkinlik, savaş ve cinsellik temalarına yer verilir. Athena ile olan ilişkisi sayesinde ise bir işçi sınıfı kahramanı olarak tasvir edilir. Bu ilişkilerin dinamikleri, mitin kişisel deneyimlerdeki ve kültürdeki tezahürlerini keşfetmemize izin vermektedir (Ebenstein, 2006).

Hephaistos keskin zekâlıdır, bu nedenle Hera'yı kandırır. Olimposlular onun hilesinden etkilenir ve onu bu zekâsından ötürü kabul ederler. Ancak Hephaistos'un kabul edilebilmesi için önce kendini kanıtlaması ya da engelini aşması gerekir. Bu durum yaygın bir modern engellilik olgusunu yansıtır. Engelli bir kişinin, engelini "aşmak" ve "normal" insan düzeyine ulaşmak için olağanüstü bir performans sergilemesi gerekir. Birçok rolü, Hephaistos'u toplumun bir parçası olmasını sağlar ve Olimposlu "süper engelli" olarak statüsünü güçlendirir (Deris, 2013: 14-15). Lâkin topluma dâhil olma konusunda engellilere olanaklar sunan toplumsal yapı unsurları değildir. Burada vurgulanması gereken konu, engellilerin bu hususta sarf etmesi gereken çabadır. Ancak bu olağanüstü çaba topluma kabul edilmeyi saygın bir düzeyde gerçekleştirecektir.

Atina'daki ve Lemnos'taki insanlar nezdindeki imajı Hephaistos'un damgalanmadığının göstergesidir. Damga, modern bir tarih okuması ve yazımından doğar. Hephaistos, sosyal yaşamın devam ettiği şehirden kovulmamıştı aksine Atina'nın babası olarak saygı ve kabul görür (Dolmage 2006: 135). Ancak birçok toplumda engellilik, sosyal dışlanmanın nedenleri arasında sayılmıştır. Euripides'in[27] trajedilerinin engellilerle dolu olduğuna dair Aristofanik[28] iddia, engelli olmanın pek imrenilecek bir durum olmadığını göstermektedir (Bremmer, 2010: 200). Hephaistos sosyopolitik anlamda güçle ilişkilendirilmese de güçlüdür. Duygusallığı ona gizemli bir etki alanı açar (Stiker, 1997: 60-61).

---

[27] Antik Yunan trajedi yazarlarından biridir. Ona göre tanrılara nazaran, ölümlü erkekler ve kadınların trajedileri çok daha ilgiye değerdir. Günümüze ulaşan eserleri arasında Andromache, Electra, Hecuba, Herakles sayılabilir (Daly ve Rengel, 2004: 48).

[28] Aristofanes, (MÖ 5. yy) Antik Yunan komedya yazarıdır.

Athena ile birlikte Hephaistos, daha önce dağlarda, mağaralarda yaşayan insanlara zanaatlar öğretir. Böylece insanlar tüm yıl boyunca kendi evlerinde rahat bir hayat yaşarlar. Hephaistos'un bu kadar çok mitinin varlığı, antik Yunanistan'da engelliliğin toplumsal canlılığının göstergesidir. Hephaistos bir zanaatkâr olarak bu kadar saygı görüp övüldüyse, zanaat ve sanatın yalnızca "sağlam vücutluların" alanı olmadığının kanıtı niteliğindedir (Dolmage 2006: 135-136). Atinalılar, daha yedinci yüzyılda Hephaistos'u yerel panteonlarında önemli bir yer vermişlerdir. Hephaistos'un Atina'da Chalkeia ve Hephaisteia olmak üzere en az iki festivali vardır. İlk festival sırasında zanaatkârlar, bir geçit töreninde şehrin içinden yürürlerdi. Bu yürüyüşle Hephaistos ile birlikte Athena'yı da bir zanaat tanrıçası olarak yüceltmişlerdir (Bremmer, 2010: 201).

Hephaistos'un atölyesinde, işçinin yaratıcı ruhuna değer verilir ve bireysel farklılıklara uyum sağlamak için teknoloji ve sanatsal tasarım kullanılır. Atölyesi, Atina zanaat loncaları için simgesel bir güç niteliği taşır. Milton'a göre, Hephaistos'un atölyesi, Rönesans'ta bir simya laboratuvarıdır. Sanayi Devrimi sırasında modern fabrikaya dönüşür. Arketip psikolog M. Stein, çekiç ve anahtar kullanan kaslı erkeklerin, parlayan fırınlarla çevrili ve kızgın çelikle mücadele eden "Hephaestian fantezisinin" bir proleter işçi kitlelerinin Marksist imajı olduğunu söyler. Kapitalist devletler tarafından yürütülen istihdam politikaları, normal işçi tasvirine uymayan insanları modern fabrikalarda çalışmaktan alıkoyar. Buna karşılık mitlerde yer alan Hephaistos'un atölyesi, engelli ve engelli olmayan tüm çalışanların yaratıcı enerjilerinden yararlanmak için bireyselleştirilmiş düzenlemeleri bir araya getiren ütopik-efsanevi bir model niteliği taşır (Ebenstein, 2006).

Hephaistos'un dokuz yıllık çıraklığının sona erdirilmesi önemli bir özelliğine dayandırılmaktadır. Dokuz yıl aynı zamanda Arcadian gençlerinin, medeni topluma kabul edildikleri süreyi işaret eder. Bu olay arka planda zanaatkârlar arasındaki inisiyasyona[29] gönderme yapan bir vakadır (Bremmer, 2010: 205-206). Mesleki ve toplumsal olgunlaşma için ailenin üstlendiği görevler akla gelebilir. Herkes gibi engelliler de bu toplumsal süreçlere dâhil edilmelidirler.

Batı edebiyatında, Hephaistos mitleri engelliliği komik amaçlar için kullanma geleneğini başlatmıştır. Hephaistos, zekâsı ve kurnazlığı sayesinde çeşitli nesneler yaratırken aynı zamanda yaşamı büyüleyici ama son derece ikna edici bir şekilde manipüle etmiştir. Bilim insanı M. L. Brown, Hephaistos'u bir "hilebaz" olarak tanımlamıştır. Kendisine yöneltilebilecek "dostça-zalim" kahkahalara rağmen, güçlü ve büyülü bir figür olmaya devam etmiştir. Belirli bir amaca ulaşmak için zekice şakalar tasarlayan ve uygulayan odur. Böylece Hephaistos ya-

---

[29] İnisiyasyon (erginleme); birini bir konu üzerinde aydınlatıp onu gerekli temel bilgi ve becerilerle donatarak ergin ve yetişmiş kılmak. Bir kişiyi dernek, topluluk vb. özel bir törenle almak (TDK, 2023).

şadığı öfke ve burukluğu; şaka severliği ve inatçılık özellikleriyle kendi lehine çevirmiştir (Ebenstein, 2006). Bu vurgunun engellilerin dikkat etmesi gereken birer strateji olarak değerlendirilmesi mümkündür. Toplumsal yaşamda engelliler, kendilerine yönelik tutum ve davranışları dikkate almalı ancak bunlara verilmesi gereken tepkiler ciddi bir şekilde analiz edilmelidir.

Psikolojide, mitolojik anlatılar insanı anlamak bakımdan sembolik önem taşır. Bu nedenle arketipsel psikoloji insan deneyiminin genişliğini ve derinliğini keşfetmek için çok sayıda anlatıya ihtiyaç duyar. Engelliliği tek bir perspektiften görmek, onun tam olarak anlaşılmasını sınırlar. Bu doğrultuda, S. Freud, engellilik psikolojisini acı çeken ve öfke duyan Richard III'e[30] dayandırır. Bu temsilin unsurları Hephaistos mitinde görülebilir. A. Adler, psikolojisini "süper engelli"ye dayandırır ve bu boyut aynı zamanda Hephaistos arketipinin bir yönüdür. C. G. Jung'un düzenbaz figürü, mitin alaycı ve komik boyutlarında belirgin bir şekilde kendini göstermektedir. Olimpos'a eşeksırtında döner-

---

[30] William Shakespeare'in *Richard III* adlı oyununda, Richard'ın iktidara yükselişini ve kral olarak kısa görev süresini anlatıyor. Oyun boyunca karakterler Richard'ın vücudunu çeşitli şekillerde tartışır ve tanımlar: Richard kendisini hile yapılmış (cheated of feature), deforme olmuş, tamamlanmamış olarak tanımlıyor. Anne ve Elizabeth onunla; iğrenç şekil bozukluğu, korkunç cehennem insanı, kirpi, şişeye hapsedilmiş örümcek ve zehirli demet sırtlı kurbağa, diye alay ediyorlar. Bunların tümü anormal ve insanlık dışı bedeni ön plana alan terimlerdir. Richard'ın ayırt edici özelliği, kendi durumunun, engelli olduğunun bilincinde olmasıdır. Richard, engelli insanların doğal olarak öz bilinçli hale geleceğini saptar. Richard, engelli insanları şiddete ve sosyal dışlanmaya maruz bırakan engelliliğin yanıltıcı temsilini sorgulama ve manipüle etme kapasitesini simgeliyor. Din, ahlak ve sosyal kurumların engellileri engelli olmayanlardan daha aşağı gösterdiği batıl inançları teşhir eder (Jahangir, 2017: 36).

ken sarhoş olması, Hephaistos'u intikam takıntısından kurtaran bir gevşemenin, bir bilinç değişiminin göstergesi olarak düşünülebilir. Annesine karşı duyduğu öfke ve kırgınlık duygularını bastırmak zorundadır. Aksi takdirde bu tehlikeli duygular ruhunu zehirler. Mitte, bunun başarılmasının yolu bireysel psikoterapi yoluyla değil, öç alma ve sosyal aksiyon yoluyladır. Hephaistos arketipinde, acı ve öfke bireyi, toplumun ortaya koyduğu sorunları çözmeye motive edebilir (Ebenstein, 2006). Hephaistos'un engelliliğini çok çalışarak aştığı söylenebilir. Yine de hem bedensel farklılığı hem de işçiliği, Hephaistos'un simgelediği söylenen özel zekâ biçiminin (metis[31]) kanıtıdır. Bu, Hephaistos'un önemini ortaya koymaktadır. Hephaistos retorik bir figürdür, mitin retorik gücünü ve kültürel önemini temsil eder (Dolmage 2006).

İlk Çağ'dan itibaren toplumlar birbirleriyle savaşırken demirden yaptıkları silahları kullanmışlardır. Bu nedenle demir çok önemli bir madendir. Dolayısıyla demiri sabırla ve beceriyle döverek silah hâline getiren demirciler toplumunun vazgeçilmez ustalardır. Hatta bu ustalar başka yerlere kaçamasınlar diye kasten engelli edildikleri de tarihsel dayanağa sahip bir gerçektir. Bunun yanında antik dönem demircilerinin keklik yürüyüşüne benzeyen bir dans ettikleri, bu dansın sekerek yapıldığı dikkate alındığında demircilerin prototipi olan Hephaistos, daha da toplumsal bir gerçeklik kazanacaktır (Olgunlu,

---

[31] Metis, tanrısal bilginin ve aklın yansımasıdır.

2018: 105). Mitlerde Hephaistos'un zikzaklar çizerek yürüdüğü belirtilir. Bu durum mitlerin hayata canlı bir şekilde nüfuz ettiğinin önemli bir göstergesi olarak dikkat çekmektedir.

Bazı antik toplumlarda, engelli insanlara ayrılmış görevler arasında ateşin bakımı önem taşır. Ateş sayesinde insanlar çanak çömlek pişirmeyi, tuğlaları güçlendirmeyi ve metal eritme gibi temel üretim becerilerini öğrenir. Ateşi yakmak için seçilen kişi, toplulukta güçlü bir figürdür. İnsanlığın teknoloji aracılığıyla yükselişine dair böyle bir ön görüde, topal tanrı Hephaistos bir kültür kahramanı olarak rol alır (Ebenstein, 2006). Bazı bilim insanlarına göre Tunç Çağı'nda yapılan araçların, silahların ve kapların sihirli özelliklere sahip olduklarına inanılır ve bunları yapan demircinin de büyücü olduğu düşünülür (Daly, 2009).

Eliade (2003a), demir ve demircilik hakkındaki önemli noktalara vurgu yapmaktadır. Demirci birçok ilkel halkta var olan kutsal değerini uzun süre korumuştur. Demirde kutsal güçlerin gizli olduğu düşünülmüştür. Bu madene verilen önem, ileri kültürlerde de mevcut olmaya devam etmiştir. Demir yeryüzüne yabancıdır, çünkü göklerden gelir. Demircinin kullandığı çekiç, körük, örs gibi araçlar da canlı, mucizevî nesneler olarak kabul edilmiştir. Hatta zamanla çekiç, bazı tanrıların simgesi hâlini almıştır. Demirci, medeniyet üreten uygarlaştırıcı bir kahraman rolünü üstlenir; gökten demir tohumları alır ve insanlara bu tohumlarla eşyalar yapmayı öğretir. Ateş büyüsel, dinsel bir gücün de simgesel tezahürüdür. Bu nedenle arkaik kültürler, demircileri şaman, şifacı-hekim, ateşin efendileri olarak görmüş onlara saygı göstermişlerdir. Hatta demircilerin özel ruhlar tarafından korunduğuna inanmışlardır. O dönemlerde demirhaneler bir ibadet yeridir. Çeşitli ibadetler ve merasimler kimi zaman demirhanelerde yapılmıştır. Dinsel bir örnek olarak "Davut Peygamber" demircilik işleriyle meşgul olduğu için göksel bir tanrının ya da ölümlü biri olarak toplumu uygarlaştırıcı bir kahramanın yerini almıştır. Stiker'e (1997: 60) göre Hephaistos öncelikle bir şaman gibi yaşayan, büyüleri ve tılsımları etkisiz hâle getiren bir sihirbazdır. Bu bağlamda, mitolojide bazı büyücü, kâhin ve tanrı engellidir.

Hephaistos ve yardımcıları Arcilleus için savaş kalkanı ve zırhı yaparken. Roma'da, Palazzo dei Conservatori'deki rölyef. (www.lewebpedagogique.com)

Hephaistos portresinin aristokrat bir toplumda, profesyonel becerileri ve içten içe korkulan kurnaz bir demirci temsili olduğu ileri sürülmüştür. Bu aristokrat toplumun, ikircikli bir tavırla da olsa demircilere, panteonlarına zanaatın tanrısal bir temsilcini dâhil edecek kadar hayranlık duyduğu da eklenebilir. Bu durum Hephaistos'un, Dionysos ve Afrodit ile olan ilişkileri, onun Yunan panteonuna daha iyi uyum sağlamasına yardımcı olur. Bu erken dönem aristokrat Yunanlıların, silahlarının yapımı ve mücevherlerinin tasarımı için güvendikleri demircilerin olağanüstü bir konumda gördüklerinin de altı çizilmelidir (akt. Bremmer, 2010: 208). Mitolojilerin toplumsal hiyerarşilerin devamlılığı için kullanılın birer araç olduğu düşünülebilir. Bu doğrultuda soylu sınıfın bir denge ürettikleri de akla gelebilir.

Mitlerde, Hephaistos trajik bir hayata sahip, insanlaşmış bir tanrı olarak sunulur. Hem İlyada hem de Odysseia'de, insan özelliklerine sahip bir tanrı olarak tasvir edilir. Bedeni buruk, hareketleri kısıtlıdır. Acı çeker ve aşağılandığını hisseder. Evlilik ve boşanma gibi insani durumlar yaşar. Diğer tanrıların alay konusu olur. Bunlarla beraber insancıl nitelikleriyle Olimposlular arasında ona benzeyen başka bir tanrı yoktur. Onun bu eşsiz özelliği, anlatılarda dramatik etki yaratır. Çünkü bu insanlaştırılmış tanrı, diğer ölümsüzlerin erişemediği trajik bir figürdür. Trajik durumlar, ölümlüler için yaşanılası muhtemel durumlardır (Rinon, 2026: 19). Bir yandan Hephaistos, bir adada yaşayan, yorgun bir köylü gibi terleyen, evlenmek isteyen, yanlış kızı bulan, bir insan yaşantısına sahip tanrıdır. Birçok yönden, diğer tanrıların aksine, marjinal bir tanrı olarak nitelendirilir. Onun terlemesinin derin anlamları olmalıdır. Terleyen bir Zeus'u hayal etmek kesinlikle zordur (Bremmer, 2010). Bu durum Hephaistos'un insana yakınlığının en önemli göstergesidir. Zira tanrılar terlemez ancak insan hatta üreten, yorulan ve çaba sarf eden insan terler. Söz konusu durum insanların Hephaistos'la yakın bağ kurmalarında dikkat çekici bir durum olarak değerlendirilebilir.

Hephaistos engelliler için bir prototip olarak değerlendirilebilir. Her ne kadar mitolojik bir temsil olsa da yaşadığı zaman diliminde engellilerin maruz kaldığı birçok deneyimi kendinde barındırmaktadır. Ebeveynler bilhassa anneler, engelli çocuk doğurduklarında bunu kabullenmede oldukça karmaşık duygular yaşamaktadırlar. Şok ile başlayan bu duygusal süreç kimi zaman engelli çocuğun kabul edilmesi ile sonuçlanmayacaktır. Bununla beraber engelli çocukların eğitimi ve istihdamına ilişkin mitsel bir tartışma da mevcuttur. ilgili ebeveynler engelli çocuklarını birer meslek erbabı olarak yetiştirebilirler. Tıpkı Thetis'in Hephaistos'u dokuz yıllık bir süreçte bir demirci ustası hâline getirmesi gibi.

Yine engellilerin toplumsal hayattan dışlandıkları bir gerçektir. Bu dışlanma durumuyla çoğunlukla engelliler tek başına mücadele etmek zorunda kalmaktadırlar. Bu süreçte sosyal destek, sorundan kaçınma, dinî ve sosyo-ekonomik başa çıkma gibi çeşitli mekanizmalar üreterek bu dışlanmayla başa çıkmaya çalışmaktadırlar (Kaldık, 2021). Bu başa çıkma sürecinde Hephaistos'un mücadelesi örnek alınacak niteliktedir. Azim, kararlık, öç alma duygusu gibi motivasyonlar onun toplumsal hayatla bağını kurmaktadır. Bu dışlanmaya paralel olarak engellilerin bazı sıfatlarla damgalandıkları da söz konusudur. Hephaistos'un çarpık ayaklı ve çirkin olması onu topluluğunun dışına atmıştır. Benzer durumla günümüzde karşılaşmak her hangi bir engelli birey için pek de uzak bir ihtimal değildir. Hephaistos mitlerinin hayatın her alana dair olması da dikkat çekmektedir. Onun bir ailesi ve atölyesinde arkadaşları vardır. Meslek sahibidir. Evlenir, aldatılır. Alay edilmeye maruz kalır. Çaba sarf eder. Duygularını canlı tutar. Bu durum, mitlerin engelliler için muhtemel hayatın gerçeklerini özetleyen vurgular içerdiğinin göstergesidir. Bunlara karşın Hephaistos dönemin en önemli, vazgeçilmez hatta mistik bir takım nitelikleri kendinde barındıran bir meslek sahibidir. İlgili mitler; zayıf, güçsüz, karar verme yetisinden uzak, pasif ve dışlanan bir engelli profili sunmaz. Aksine zeki, yaratıcı, mücadeleci ve iradeli bir profil mevcuttur. Dolayısıyla engellilerin nasıl bir hayat sürdürmeyi amaçladıkları bu sıfatların derecesiyle alakalıdır.

2.2. Bellerophon: Tanrısallık Arayışında Bir Ölümlü

Mitolojik tanrılar antropomorfik biçimde düşünülmüşlerdir. Doğaya hükmeden güçlerin insan biçiminde olmasının temelinde bulunan ana unsur, aslında tanrıların insana olan benzerliğidir. Yunanlılar için insan öylesine yetenekli bir varlık ki, evrene egemen olan tanrıların da ancak insana benzemekle bunları gerçekleştirebileceği inancı mevcuttur. Dolayısıyla tanrılar; ölümsüz, güçlü ve yüce olan birer insan örneğidir. Tanrılar, siyasal ve ahlaki boyutta toplumsal hayatın düzenleyicileri değil, bununla beraber toplumsal hayatın içinde insanların yapıp ettiklerinin hatta onların kaderlerinin düzenleyicisidirler. Bu bakımdan insanlar ve tanrılar arasında, ölümsüzlük ve ikamet edilen mekânlar dışında özellikler ve pratik yaşam konusunda aynı Grek dünyasına dâhildirler. Tanrılar, güç, yetenek ve ölümsüzlük gibi özelliklerini kullanarak, insanların yaşadıkları hayatın içinde, onlara müdahale ederek, hayatı onlarla birlikte yaşarlar (Granger, 1973: 60).

Tanrılar insanlara benzetilirken, Korinth[32] kralının oğlu Bellerophon tanrılara benzemek ister. Bellerophon, Sisifos'un[33] torunu ve birçok kadın tarafından sevilen çok yakışıklı bir genç-

---

[32] Atina'nın güneyinde bulunan bir antik kent.

[33] Sisifos, nehir tanrısı Asopus'a, Zeus'un kızı Aegina'yı kaçırdığını söyleyerek Zeus'un öfkesini uyandırır. Zeus'un sırrını ifşa ettiği için sonsuza dek ona büyük bir kayayı yokuş yukarı yuvarlamak cezası verilir (Morford ve Lenardon, 2003: 613).

tir (Daly, 2009: 27). Bir hata sonucu erkek kardeşini öldürdükten sonra evi terk eder (Morford ve Lenardon, 2003: 614). Bir sürgün olarak birçok macera yaşar. Bir kralın misafiri olarak bulunduğu sarayda, erdemli bir adam olarak iftiraya uğrar. Homeros'a göre Kralın karısı Antaea, Bellerophon'a karşı çılgınca bir tutku besler ancak Bellerophon onurlu bir adam olduğundan başka bir adamın karısıyla ilişki yaşamayacaktır. Reddedilmeye öfkelenen Antaea, kocasına Bellerophon'un, kendisine tecavüz etmeye çalıştığını söyler ve krala Bellerophon'u öldürmesi için yalvarır. Kocası itiraz eder ancak Antaea'yı yatıştırmak için de Bellerophon'u cezalandırılması için Likya[34] kralı olan babasına göndermeyi önerir (Mercatante ve Dow, 2009: 167). Likya kralına suçlamaları ayrıntılarıyla anlatan ve ondan Bellerophon'u öldürmesini isteyen bir mektup gönderir. Genç adamı kendisi öldürmeye isteksiz olan Likya kralı, Bellerophon'a ilki, aslan başlı, keçi gövdeli ve yılan kuyruğu olan, ateş püskürten bir canavarı öldürmek olan birkaç görev verir. Bellerophon canavar Chimera'yı öldürür. Daha sonra, Amazonlarla savaşarak onları yener. Sonunda kral, ona bir pusu kurar ancak burada da Bellerophon galip gelir. Bu zorlukların üstesinden gelmesinden dolayı kral Bellerophon'un tanrıların lütfuna sahip bir kahraman olduğuna ikna olur. Onu evine alır, halefi yapar ve kızı ile evlendirir (Roman ve Roman, 2010: 103).

---

[34] Akdeniz Bölgesi'nde Teke Yarımadası'nı (Antalya) kapsayan antik bir bölge.

Bellerophon tüm bu kahramanlıklarının ardından Olimpos'a çıkmak ve Zeus'un arkadaşı olmak ister. Genç adam Pegasus'u[35] Olimpos'a doğru sürmeye karar verir. Ancak bu bir büyük hata olur. Zeus tarafından gönderilen bir at sineği tarafından sokulan Pegasus, binicisini fırlatır, Bellerophon yeryüzüne düşer ve engelli olur. Bundan dolayı hayatının geri kalanını toplumdan dışlanmış olarak (Daly, 2009: 27) ve günlerini keder içinde geçirir. Kırlarda tek başına dolaşır. İnsanlardan uzakta sefil bir hayat sürer. Euripides'e göre Bellerophon'un sonu, kahramanlıkları sürecinde kendisine yardımlarda bulunan tanrıların dostluğunu kötüye kullandığı için cezalandırılmış olmalıdır (Morford ve Lenardon, 2003: 615).

Bellerophon canavar Chimera'yı öldürüyor.
(www.worldhistory.org)

[35] Yunan mitolojisindeki kanatlı at.

Bellerophon, Korint edebiyat ve sanat tarihinde önemli bir rol oynamıştır. Homeros destanlarında o Korint hanedanının tek kahramanıdır. Bellerophon mitinin ikonografisinde ve metinsel göndermelerde mitin yerel topluluk için derin önemi anlatılır. Ortak soy miti, topluluğu atalarla ve kolektif bir kültürle birleştirmeye hizmet eder. Bellerophon'un hikâyesi de bu tür bir işleve örnektir. Arkaik dönem boyunca Bellerophon mitinin kullanımı, bir topluluğun kültürel amaçlarına en iyi şekilde hizmet edecek ve güçlü bir yerel kimlik duygusunu teşvik edecek şekilde uyarlamaya dair bir örnek sunabilir (Ziskowski, 2014).

2.3. Kör Bilge Teiresias

Teiresias, Theban destanında, Zeus'un seçkin kör kâhinidir (Morford ve Lenardon, 2003: 400). Teiresias'ın neden kör olduğuna dair çeşitli açıklamalar vardır. Bir versiyonda, Teiresias iki yılanın çiftleştiğini görür, dişiyi öldürür ve hemen bir kadına dönüşür. Yedi yıl sonra yine iki yılanın çiftleştiğini görür ancak bu sefer erkek olanı öldürür ve tekrar erkeğe dönüşür. Günün birinde Zeus ve Hera arasında, cinsel ilişki sırasında kimin daha çok zevk aldığı konusunda bir tartışma çıktığında, cevabı en iyi bilen kişi olarak Teiresias'a danışırlar. O, kadınların daha fazla zevk aldıklarını söyler. Bu cevap, Hera'yı o kadar kızdırır ki, doğruyu söylediği için ceza olarak onu kör eder. Buna karşılık Zeus, Teiresias'a kehanet güçleri ve çok uzun bir ömür hediye eder

(Mercatante ve Dow, 2009: 957). İkinci versiyonda Teiresias, Athena ve Chariclo bir çeşmesinin sularında yıkanırken onlara bakar. Athena, ceza olarak onu kör eder. Ancak Chariclo buna üzülür. Bundan dolayı Athena Teiresias'a birçok yetenek verir. Onu, çok büyük bir kâhin yapar (Morford ve Lenardon, 2003: 401). Bazı bilim adamları, bilge bir adam olarak onun figürünün, topal demirci Hephaistos'unki gibi özel yeteneklere sahip, sıra dışı (kör, topal veya başka bir şekilde engelli) kişinin mitolojik bir düzenlemesi olduğunu düşünürler (Daly, 2009: 141).

Engelliliğin, nasıl zor bir şey olarak anlamak için, onun bir ceza olarak kullanıldığında görülebilir. Teiresias, körlüğün klasik arketipidir. Edebiyatta kör olmak ile geleceği görebilmek neredeyse eş anlamlı hâle gelmiştir (Graham, 2019: 10). Hephaistos'un miti doğuştan engeli olanların nasıl eğlence konusu olduğuna dair ipuçları sunarken Teiresias'ın miti ise, engelliliğin yapılmaması gereken bazı eylemlere karşılık bir ceza olarak ortaya çıktığını vurgulamaktadır (Turan, 2018: 35).

Teiresias yılan öldürüyor.
(www.commons.wikimedia.org)

Hephaistos'un mitleri, engellilerin sosyal ve ekonomik durumunu keşfetmemize izin verdiyse, kör kâhin Teiresias miti de başka bir alana pencere açar. Körlük, antik Yunan metinlerinde en sık bahsedilen engellilik türüdür. Bunun bir nedeni antik dünyada körlük ve görme bozukluğunun yaygın olması olabilir. Bireylerin tanrısal ya da insani bir intikam sonucu körleştiği sayısız mitolojik anlatıya ek olarak, gözlerin kazara hasar görmesi sonucu insanların görme yetilerini kaybettiğine dair tarihsel anlatılar da vardır. Erken bir dönemden itibaren körlüğün tanrılar tarafından bir ceza olarak sunulduğuna sık sık rastlanır. Bu tür bir ceza, Yunan mitlerinde, bir kişinin tanrılara veya diğer ölümlülere karşı işlediği suçların sonucu olabilir. Bu anlatıların çoğu tarihsel olmaktan çok mitolojiktir ve doğrudan kör bireylerin yaşamlarını temsil ettiği varsayılamaz. Bununla birlikte anlatılar, körlüğün düzenli olarak (belki de tek başına olmasa da) bir ceza ve kesinlikle istenmeyen bir kader olarak görüldüğünü öne sürüyorlar. Aynı zamanda, bu mitolojik anlatılar genellikle körleri, görme kayıplarını telafi eden olağanüstü yeteneklere sahip olarak tasvir eder. Yunanlılar görme kaybının bir tür telafiyle -içgörü, şiirsel ve müzikal yetenek, kehanet gibi- giderildiğine inanırlar. Teiresias için bu kesinlikle doğrudur. Teiresias Yunan mitolojisinde telafi edici yeteneklere sahip olarak temsil edilen birçok kör kişiden biridir. Teiresias'ın öyküsü, ortalama bir Yunan veya Romalı kör kişinin günlük yaşamının yansımaları olmayabilir ancak edebî metinlerde su yüzüne çıkan, engellilere yönelik temel bir karmaşık duyguların altını çizerler (Kelley, 2007).

2.4. Daphnis ve Lara: Sadakatsiz Olmanın Kurbanları

Hermes'in bir periden olan oğlu Daphnis Yunan mitolojisinde pastoral şiirin mucididir (Mercatante ve Dow, 2009: 292). Bir anlatıda Daphnis, onu seven bir su perisine sadık kalmaz. Bu yüzden su perisi de intikam için onu kör eder. Bu durum karşısında tanrı Pan[36] ona flüt çalmayı ve şarkı söylemeyi öğretir. Bundan sonra Daphnis, pastoral müzikle ilişkilendirilen hüzünlü ama güzel şarkılar seslendirerek hayatına devam eder (Daly, 2009: 42).

Daphnis'e Flüt Çalmayı Öğreten Pan Heykeli (www.en.wikipedia.org).

[36] Sürülerin, çobanların, ormanların tanrısı, Daphnis'in üvey kardeşidir. Boynuzları, toynakları ve kuyruğu olan yarı insan yarı keçi olarak tasvir edilmiştir (Coleman 2007: 802).

Lara (Larunda), evlerin korucu tanrıçasıdır. Sır tutamamasıyla tanınır. Hera (Juno) ile evli olan Zeus (Jüpiter), tanrıça Juterna'yı baştan çıkarmak için perilerden yardım istediğinde hepsi kabul eder ve kimseye bilgi vermemek için de yemin ederler. Ancak Lara çocukluğundan beri sır tutamamıştır. Bu yüzden büyük tanrının planlarını Hera ve Juterna'ya söyler. Bu davranış karşısında Zeus, Lara'nın dilini keserek Lara'dan intikamını alır (Daly, 2009: 86). Lara Yunan mitolojisinde tanınan bir figür değildir. Tek mitosu, *Ovid'in Fasti* adlı eserinde bulunur. Engelli hâle gelme Lara için bir cezadır. Babasının bazı konular hakkında konuşmaması gerektiği uyarısını dikkate almaması bir şekilde onun konuşma yeteneğini kaybedeceğinin habercisidir. Lara'nın miti, edebiyatta sık görülen engellilik mecazlarından birini oluşturur. Kadınlar için yaptığı kahramanca eylemlerin yanı sıra, tüm mit onun bir tür ceza olarak engelli kalmasıyla ilgilidir. Lara'nın sessizliği, kadınların sessiz olması gerektiğine ve engelliliğin acımasız bir kader olduğuna dair bir metafor olarak düşünülebilir (Graham, 2019: 8).

Engelliliğin tanrısal bir ceza, işlenilen günahın bedeli olduğu hususunda çeşitli değerlendirmeler bulunmaktadır. Bu doğrultuda engelliliğe kuramsal yaklaşımlardan biri de ahlaki (moral) modeldir. Bu model engelliliğin nedenini çoğunlukla ebeveynlerin ya da kişinin kendi yaptığı kötü davranışların bir sonucu olarak yorumlamaktadır. Bunun tam tersi olarak engelliliğin bir lütuf olarak anlamlandırılması hususu da bu modelin tartışma konularından biridir. Mitolojik örneklerde olduğu gibi engelliliğin tanrılara karşı işlenilen suça karşılık bir ceza olarak verildiği görülmektedir. Dolayısıyla tarihsel bakımdan engelliliğin suç-ceza bağlamında değerlendirildiği söz konusudur. Bu durum ilerideki bölümler de özellikle Japon mitolojisinde belirgin olarak dikkate çekmektedir.

3. SÜMER YARATILIŞ MİTOLOJİSİNDE ENGELLİLİK

Tarih Sümer'de başlar.

S.N. Kramer

Sümerler, MÖ 3500'den 2000'e kadar Dicle ile Fırat nehirleri arasında (Mezopotamya) bulunan coğrafyada yaşamışlardır. Sümerlerin bu coğrafyaya nereden geldikleri hâlâ gizemini korumaktadır. Sâmi[37] ve Hint-Avrupa kökenli olmayan bu halkın, meydana getirdiği medeniyeti, diğer uygarlıkların beşiği olarak nitelemek yerinde olacaktır. Bu uzun tarihsel dönemde Yakın Doğu'nun egemen kültürel unsurlarının Sümerler tarafından oluşturulduğu yadsınamaz bir gerçektir. Çivi yazısını icat eden, Yakın Doğu'nun bütün halklarını etkileyen, manevi ve dinsel kavramlarla bir panteon geliştiren ve bu çerçevede zengin bir edebiyat üreten Sümerlerdir. Samiler tarafından ele

[37] Sâmî (Semitic) terimi başta Arabistan, Suriye, Irak ve Afrika'nın bazı bölgeleri olmak üzere geniş bir coğrafyada benzer özelliklere sahip diller konuşan Akadlar, Bâbilliler, Asurîler, Ârâmîler, Süryânîler, Fenikeliler, İbrânîler, Araplar ve Habeşler gibi kavimleri kapsar (Demircan, 2009: 75).

geçirildikten sonra Sümerlerin politik varlıkları sona ermiş olsa da Sümerce, tıpkı Roma Dönemi'ndeki Yunanca ve Orta Çağ'daki Latince gibi yüzyıllar boyunca Samilerin edebî ve dinsel metinlerinde yazı dili olarak kullanılmaya devam etmiştir. Uzun yüzyıllar boyunca Sümer dili ve edebiyatı; Babilliler, Asurlar, Elamlılar, Hurriler, Hititler ve Kenanlılar gibi birçok halkın dinsel ve kültürel varlığına etki etmiştir. Böylece Sümerlerin mitleri bütün Yakın Doğu'ya yayılmıştır (Kramer 2014). Mezopotamya'da Sümerce, konuşulan tek dil değildir; Sami lehçeleri de kullanılmaktadır. Sümer kelimesi sadece dili değil aynı zamanda Güney Mezopotamya ovasında yaşayan insanları ve kültürü de tanımlamak için kullanılmıştır. Ovanın güney kısmı aynı zamanda Sümer diyarı olarak da bilinir. Bu kültürün ne kadarının Sümerce konuşanlara ne kadarının Sami dili konuşanlara ait olduğunu söylemek mümkün değildir (Crawford, 1991).

Sümerlerle beraber tarihte ilk kent devletlerinin Mezopotamya'da ortaya çıktığı genel olarak kabul görmektedir. Bu kentler, sınırları belli verimli topraklara sahiptir. Kentin yönetiminde tanrının yeryüzündeki temsilcisi olarak kabul edilen krallar söz sahibidir. Kentler, merkezinde zigurat[38] adı verilen tapınakların olduğu birer küçük devlet özelliği taşımaktadır. Bu

[38] MÖ 2200'den 500'e kadar Mezopotamya'nın büyük şehirlerinin karakteristik mimari ve dini yapısı olan piramidal basamaklı tapınak kulesi. Sümer, Babil ve Asur'da yaklaşık 25 zigurat bilinmektedir. En iyi korunmuş zigurat Ur kentindedir (britannica.com).

tapınaklar kentin kalbi niteliğindedir. Kralın devlet işlerini yürüttüğü bu dinsel mekânlar aynı zamanda ekonomi yönetiminin, eğitim-öğretim faaliyetlerinin yürütüldüğü ve astronomi çalışmalarının yapıldığı birer araştırma merkezidir. Araştırmalar, artan mahsullerin muhafazası için depoların, zanaatkârların, imal atölyelerinin ve öğrenim görülen sınıfların tapınak ve onun etrafında olduğunu ortaya koymuştur. Ayrıca içerisinde devletin muhasebe kayıtlarının tutulduğu arşiv odasının yanında çeşitli matematiksel tabloların ve çivi yazısının öğretildiği bu ibadet merkezlerinde, astronomi alanındaki çalışmalarla ekim-hasat vakitleri, mevsimsel değişimleri belirlemek için raporlar hazırlanmaktadır (Eser ve Kılıç, 2017: 435). Ziguratlar hem tanrıların kente inmesi ve kenti kutsaması, hem de halkın tanrılara ulaşmak ve çeşitli isteklerde bulunmak için dualar edilen birer kutsal mekân niteliğindedir (Campbell, 2003a: 110). Mezopotamya inancında yeri ve göğü birleştiren kutsal dağ vardır. Bu bağlamda bu tapınaklar kozmik bir dağı temsil etmiştir (Eliade, 2017a: 26). Bu tapınakların toplumsal hayatın tüm alanlarında etkili olduğu bunun kaynağının da sahip oldukları mistik güçlerinde olduğu düşünülebilir. Sadece Sümerlerde değil, dinsel tapınaklar ve burada görevli din adamları birçok toplumda saygın ve dikkate alınan otoritelerdir.

Ur Zigurat'ının MÖ 21. yüzyıldaki muhtemel görünümü. (www.worldhistory.org)

Antik Yakın Doğu'dan elde edilen belgeler, antik uygarlıkların ekonomik yaşamı hakkında zengin bilgiler sunar. Bu bilgiler, tarım, hayvancılık ve zanaatkârlık gibi basit ekonomik faaliyetlerin yanı sıra takas, ticaret ve diğer mübadele biçimleri ile de ilgilidir. Devletin ya tapınak gibi kurumlarının ya da doğrudan üretici olarak ekonomik hayata dâhil olduğu bilinmektedir (Renger, 1994: 158). Sümer yaşamında, bilhassa ekonomisinde tapınaklar oldukça önemli işlevler üstlenmiştir. Bu doğrultuda tapınak merkezli bir devlet anlayışının hâkim olduğunu belirten Akrep (2017: 470-471), ancak detaylı olarak incelendiğinde tapınakların çeşitli ihtiyaçlar doğrultusunda meydana geldiği ve başlangıçta sadece dinsel görevler üstlendiği ancak zamanla ekonomik bakımdan güçlü hâle gelen bu tapınakların devlet yönetiminde söz sahibi olmaya çalıştığını dile getirmektedir. Sümer tapınakları, devlet bünyesinde kendi mali sistemini meydana getirerek halkın ihtiyaçlarını ve sıkıntılarını gidermeye çalışmıştır. Dolayısıyla Sümerlerde tapınaklar devlet rolüne bürünmüştür. Yine de bu değerlendirmelerin "tapınak-kenti" modelini karşılamadığı, bu hususun hâlâ tartışmaya açık bir konu olduğu bilinmektedir. Bununla beraber Akrep'e göre Sümer tapınaklarının kanuni olarak ekonomiye ilişkin bir görevi olmasa da bu tapınaklar devletin stok deposu, finans kaynağı ve meclisi rolünü üstlenmiştir. Sümerlerde olduğu gibi bu sisteme benzer yapılar, antik Yunan'dan Roma'ya, birçok medeniyette tapınaklar üzerinden yürütülmektedir.

Dinsel hayatta olduğu gibi, teknik alanlarda da önemli gelişmeler bulunmaktadır. Crawford (1991) Sümerlerin en önemli döneminin Uruk zamanına tarihlenebileceğini söyler. Bu dönemde, çeşitli alanlarda çok önemli bir teknolojik yenilik dönemidir. Yazının, hızlı öğütme çarklarının, kapsamlı sulama sistemlerinin ve daha önce ovada bulunmayan madeni alaşımlama ve döküm tekniklerinin kullanılmaya başlandığı görülür. Bu dönemde yenilik sadece teknolojik alanda değil devlet yönetiminde de olmuştur. Ona göre yönetim sistemi başlangıçta tapınağa dayalıydı ve otorite tanrının dünyevi temsilcileri olarak rahiplere verilmiştir.

Bununla beraber Mezopotamya krallar tanrıların bahşettiği otoriteyle, hatta tanrıların yeryüzündeki temsilcileri sıfatıyla, toplumsal düzenin koruyucularıdır. Bütün bu inanç sistemi Sümerlilerin engelliğe bakış açısı ve onunla ilişkisinde de kendini göstermektedir. Antik Mezopotamya çivi yazılı tabletlerdeki kayıtlar engellilik tarihine ve engellilik alanındaki çalışmalara özgün katkılar sunmaktadır. Zira antik dönem çalışmaları çoğunlukla Yunan ve Roma'yı eksen olarak belirlemektedir. Bunun yanında bu tabletlerdeki kayıtlar, tarih boyunca toplumların engelli kişilere karşı olumsuz bir bakışa sahip olduğuna ilişkin büyük bir önyargıyı yanlışlayacak birtakım veriler barındırmaktadır (Kağnıcı, 2020: 48).

Kellenberger (2017) MÖ III. binyılın sonlarında Mezopotamya'daki çivi yazılı belgelerde, engellilik ile ilgili çokça kayıt mevcut olduğunu ileri sürer. Bu belgeler arasında mitler, sözlükler, kanunlar, tıbbi metinler, büyü kitabeleri, dua metinleri, kraliyet yazıtları, mektuplar, atasözleri yer alır. Bu kaynakların bazılarında körlük, eski Yakın Doğu'da en çok bahsedilen engellilik türüdür. Büyü kitabelerinde, düşmanlara karşı okunan ya da örneğin bir antlaşmaya aykırılık hâlinde tehdit olarak kullanılan durumlarda da sıklıkla dile getirilir. Kağnıcı (2018b) körlük yanında antik Mezopotamya'nın çivi yazılı metinlerinin zihinsel-bilişsel sorunlarla da alakalı bilgiler içerdiğini ifade etmektedir.

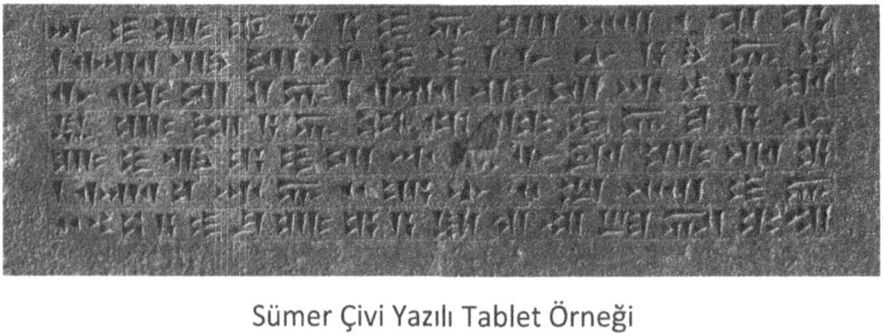

Sümer Çivi Yazılı Tablet Örneği

Walls (2007: 28) antik Mezopotamya'daki insanların, doğuştan kusurlara, sonradan yaşanan kaza sonucu veya ceza olarak engelliliğe de maruz kalmış olduklarını dile getirir. Aşağılama ya da kontrol edebilme aracı olarak savaş esirlerinin engelli hâle getirilmesi Mezopotamya'da özellikle Asur Dönemi'nde alışılmadık bir durum değildir. Hammurabi[39] Kanunları; dilin kesilmesi, gözün kör edilmesi, kemiğin ve dişin kırılması yanı sıra bir elin, kulağın kesilmesi gibi cezalara da izin verir. Bu cezaların çoğu kişiyi bazı yönlerden işlevsiz hâle getirse de, onu toplum içinde kazançlı bir işte çalışmaktan alıkoymaz. Bununla birlikte görme engellilerin, çivi yazılı[40] tabletlerde işçi olarak çalıştıkları bilinmektedir. Sümer tapınak kayıtlarının anlatılarında görme engelliler, tapınak şarkıcısı olmanın yanında sepet dokumacılığı, bahçıvanlık, değirmencilik gibi işlerinde çalışmışlardır.

Eski Yakın Doğu'da engelli bebeklerin öldürülmesine ilişkin yaygın bir uygulama olduğuna dair hiçbir kanıta ulaşılamamıştır. Mezopotamya kanunları, kürtaj ve kazara düşüklere değinmelerine rağmen çocuk öldürmeye atıfta bulunmaz (Walls, 2007). Antik Mezopotamya'da tedavisi olmayan bir deri hasta-

---

[39] Hammurabi (Babil - ölümü yaklaşık MÖ 1750), dünyanın en tanınmış hükümdarından, insanlık tarihindeki en eski kanun yapıcısıdır (britannica.com).

[40] MÖ 3200'den önce günümüz Irak'ında ortaya çıkan çivi yazısı, bilindiği kadarıyla dünyadaki en eski yazı biçimidir. İlk olarak kâtipler tarafından Uruk gibi antik şehirlerde bir hesaplama aracı olarak geliştirilen sistem, kısa bir süre sonra Orta Doğu'ya yayıldı ve MS I. yüzyıla kadar, 3000 yıldan fazla bir süre boyunca, sürekli olarak kullanıldı (arkeofili.com).

lığı olan cüzzam hastalığı vardı (Kinnier, 1966: 49). Eski metinlerde şehrinin meydanında yürümesi yasak olan cüzzamlı, evini terk eder ve ceylan gibi dolaşır ya da bir cüzzam grubuyla yaşardı. Cüzzamlı, ölüler diyarında bile toplumdan dışlanır. Patolojileri ne olursa olsun günahın tanrısal cezası olarak anlaşılan bu deri hastalığı, kişinin toplumundan dışlanmasının nedenidir. Mezopotamya toplumunda bir engellinin ya da bir suç işleyen kişinin tapınağın kutsal bölgelerine girmesi yasaktır. Babil kanunları, engelli bir insanın kâhin veya rahip olarak hizmet etmesini yasaklamıştır. Ancak kronik bir hastalığı olan Asur Kral tahtından indirilmemiştir. Bu durum onu tahtan etmeye yetecek bir damga olarak değerlendirilmemiştir (Walls, 2007). Buna ek olarak Kellenberger'e (2017: 58) göre bazı araştırmacılar, özellikle de konu engellilik kadar hassas olduğunda modern deneyimleri eski metinlerde arama eğilimindedirler. Günahın, hastalık ve engellilikle ilişkisi hakkındaki fikirler, insan ruhunun arkaik derinliklerinde yatmakta olduğu ve bu nedenle antik metinlerde söz konusu duruma ilişkin bilgiler aranmaktadır.

Sümer Panteonu

Sümer mitolojisinde, tanrılar insan biçiminde tasavvur edilmiştir. Ölümlü olma dışındaki tüm insani özellikler bu tanrılara aktarılmıştır. Sümer çivi yazılı tabletlerde tanrıların; yeme, içme, evlenme, üreme, savaşma, kıskanma, nefret etme gibi insanın temel ihtiyaç ve duygularına sahip olduğu görülür. Olağanüstü güçlerin çeşitli kanunlara tabi olduğu, her istediklerine ulaşamadıkları, bazen hile ve kurnazlık diyebileceğimiz bir takım davranışlar sergiledikleri de söz konusudur. Sümerlerde her kişi tanrılara adanan tapınak ve ziguratların yapımında çalışmak, onlara adak sunmak ve diğer ritüellere katılmak zorundadır (Leick, 1991).

Sümer panteonunda; An (Anu), Enlil (Nunamnir), Enki (Ea), Ninhursag (Nintu, Ninmah), Nanna-Sin (Sin), Utu (Şamaş), İnanna (İştar) önemli olan yedi büyük tanrı bulunur. Evrenin oluşumu, hayatın başlangıcı, insanın yaratılışı, tarım, ölüm gibi birçok konu bu tanrıların sorumluluğu altındadır. Hava, su, toprak gibi doğanın temel unsurlarına da bu tanrılar hükmetmektedir. Sümer inancı doğal güçlerle ilişki içerisindedir. Bu doğrultuda tanrı anlayışı kozmolojik düşünceler çerçevesinde şekil almıştır. Tanrı ve doğa ilişkisi yaşamsal bütün unsurlarda kendisini göstermektedir. Sümerlerin tanrı anlayışları; yaşadıkları dönemin sosyal, siyasi ve ekonomik hayatının bir yansıması olarak görülmektedir. Bu tanrı anlayışlarında zamana ve siyasi koşullara göre değişiklikler olmuştur (Altuncu, 2014).

Sümer tanrıların başı olan An gökyüzünün düzenleyicisidir. An'ın kült merkezi, Uruk kentindeydi. İlk zamanlar tanrılar içersisinde en güçlüsü oydu ancak yüzyıllar içinde gücünün bir kısmını yitirerek yerini diğer tanrılara: Enlil ve Marduk, tanrıça İnanna'ya bırakır (Leeming, 2004: 38-39). An'ın mitolojik ve teolojik metinlerdeki işlevi öncelikle otoritedir. İlahi hiyerarşinin zirvesi olarak temsil edilir. Onun "emri göğün ve yerin temelidir". O, tanrısal kurallardan sorumludur. Yeryüzündeki krallıklara otorite bahşeder. Tanrı Enlil'in kült merkezi olan Nippur'un artan siyasi ve ekonomik önemiyle birlikte An'ın ilk oğlu, yavaş yavaş babasınınkine eşit bir statü ve otorite kazanır (Leick, 1991: 5-6).

Enlil, hava ve rüzgârın efendisidir. O, An dışında diğer tanrılara veya krallara ihsanda bulunan tek tanrıdır. Ninhursag onun karısı ve mevsimlerin anasıdır. "Tanrının hanımı" olarak doğurganlığı temsil etmiştir. Sembolü tarım ve hayvancılık için önemli olan doğurganlığın simgesi Neolitik inektir. Enlil, bereket ve bolluğun yanı sıra fırtınaların, sellerin ve yıkımın da kaynağıdır. Sembolü çapadır (Leeming, 2004: 39-40).

Mezopotamya tanrıçalarının en önemlisi Ninnin olarak da bilinen İnanna'dır (İştar). Leeming (2004: 40-41) tanrıçanın şu özelliklerini ön plana alır: Hurmanın temel bir besin maddesi olduğu Uruk'ta "cennetin hanımı" ve "hurma salkımlarının hanımı" olarak anılır. Birçok doğurganlık tanrıçası gibi o da bazen "cennetin ineği" olarak kabul edilir. İnanna, her şeyden önce cinsellik ve üreme tanrıçasıdır. Mezopotamya kutsal evlilik ritüelinin merkezinde yer alır. Bu vesileyle toprağa bereket getirmek için bir kral ile ilişkiye girdiği belirtilir. Babil'de İnanna, kahraman Gılgamış'ı baştan çıkarma girişimi örneğinde olduğu gibi, muhtemelen tehlikeli bir kadın rolünü de oynar. Kökenleri Sümer'de olan tüm tanrılarda öne çıkan şey, onların tarım ve bereketle olan ilişkileridir. Onlar hakkında renkli mitler geliștirilse de bu tür mitlerin, doğal fenomenler ayrıca tarım ve hayvancılık uygulamaları için metaforlar olarak görüldüğü açıktır. Leeming'in (2004) belirttiği gibi tanrı Marduk, Babil yaratılış destanı Enuma Eliş'in[41] ana figürüdür. MÖ 2. binyılın başlarında Hammurabi'nin iktidara gelmesiyle ön plana çıkar. Daha önceki metinlerde var olmasına ve hatta Enki'nin oğlu olduğu söylenmesine rağmen, Marduk esasen Babil'de yeni bir tanrı olarak var olur. An ve Enlil, ona insanların üzerinde hükümdarlık yetkisi verir. Marduk'un önemi, Babil'deki çeşitli siyasi gelişmeler sırasında artmış ve kültü yüzyıllar boyunca Mezopotamya'ya yayılır.

Yeraltı dünyasının tanrıçası ise Ereşkigal'dir. Ölülerin tek ve ürkütücü hükümdarıdır. O, İnanna'nın kız kardeşidir. Ninlil, "Havanın Tanrıçası" olarak anılır. Bu unvan Enlil'i tamamlayan bir onursal unvandır. Enlil'in karısı olarak antik Sümer Dönemi'nden beri özellikle Nippur kentinde ona ibadet edilir. Sin, ay tanrısıdır. Bereketi temsil eden boynuzlu bir boğayla tasvir edilmiştir. Zamanı düzenleyen bilgedir. O, önemli bir kehanet tanrısı ve aynı zamanda bir şifacı, hatta bir ebedir. Ur'daki Sümer kült merkezinin dışında, ona Harran'da da tapılırdı. Şamaş, güneş tanrısıdır. Bununla birlikte bir adalet tanrısı olarak Şamaş, kozmik ve ulusal öneme sahip bir tanrıdır. Ana kült mer-

---

[41] Babil yaratılış miti Enuma Eliş'e göre hayat yaşlı ve genç tanrılar arasındaki destansı bir mücadeleden sonra başladı. Başlangıçta kaos içinde sadece su vardı. Bu sular iki ayrı kişileştirilmeye ayrılır: Erkek kişileştirmesi Apsu, temiz suyu ve Kadın kişileştirmesi olan Tiamat ise tuzlu suyu temsil ediyordu. Diğer tüm Tanrılar bu iki ilkenin birliğinden ortaya çıktı (worldhistory.org).

kezi, Sippar'dır. Onun, her sabah kalkması tüm hayatı yeniler; göğe yükselirken en güçlüsünden en zayıfına kadar canlı varlıklara ihsanda bulunur. Denizleri aşar, bütün ülkeleri görür, tüm dilleri anlar. Yolcuların yol arkadaşıdır (Leick, 1991).

Güneş Tanrısı ve Kaos Canavarı
(www.en.wikipedia.org)

Sümerlerin en önemli tanrısı olan Enki, yerin efendisi ve tatlı suların tanrısıdır. Tüm gizli bilgilerin kaynağıdır. Adı toprağın bereketli yaratıcısı anlamına gelir. Enki aynı zamanda bir imge tasarımcısı olarak çömlekçiler, bronz dökümcüler, taş kesiciler, kuyumcular, mühürdarlar gibi sanatçıların ve zanaatkârların koruyucu tanrısıdır. İnsanlara karşı çok yardımseverdir. Ayrıca onları arındırma gücüne de sahiptir (Nemet-Nejat, 1998:

183). Enki, pratik becerilerin, entelektüel yetilerin ve büyü rahiplerinin koruyucusudur. Sümer uygarlığının gelişimiyle yakından alakalıdır. Başlıca kült merkezi, Eridu şehridir. Ancak Mezopotamya'nın önde gelen tanrılarından biri olarak başka kentlerde de (Assur, Babil, İsin, Kisurru, Lagash, Larsa, Mari, Nippur, Ur, Uruk vd.) çok sayıda tapınağı vardır. Enki, sonraki dönemde Babil tanrısı Ea ile özdeşleştirildi. Sembolleri arasında keçi balığı, kaplumbağa, koçbaşlı asa ve bir tekne yer alır (Leick, 1991: 40-41).

Enki, büyüleriyle ünlü kurnaz bir tanrıdır. Onun doymak bilmez bir cinsel iştahı vardır. Bu muhtemelen onun bereket ve sulama tanrısı olma rolünün mecazi bir ifadesidir. O, toplumsal düzene ve uygarlığın gelişimine yön verir. Akarsulara balık bırakan, insanlara tarımı öğreten bir yaratıcı kültür kahramanıdır. Mitlerin çoğunda kurnazlık ve yaratıcılık olduğu gibi Enki'den bahseden mitlerde sıklıkla mizaha da rastlanılır (Leeming, 2010: 407). Yaratılış ve ölüm ile ilgili konularla yakından bağlantılıdır (Espak, 2010: 214). Enki, Abzu'nun kralı, kaderlerin belirleyicisidir. Tüm toprakların babası, emri sorgulanmayan, yeryüzünü ve kültürel faaliyetleri düzenleyen, halkının refah ve esenliğinden sorumlu olan tanrıdır (Kramer, 1970: 103).

Tanrı Enki
(www.worldhistory.org)

Enki'nin, Sümer Dönemi'ne ait en eski belgelerden bu yana, su ile özellikle de yer altı suyu Apsu ile ilişkisi mevcuttur. Eliade (1958: 188-189) suyun mitik unsurlarını şöyle sıralar: Su, tüm varlıkların kendinden geldiği ya da bir felaketle geri dönecekleri ilk maddeyi sembolize eder. Her kozmik döngünün başında var olmuştur. Kozmogonide[42], mitte, ritüelde ve ikonografide, tüm varlıklardan önce gelir ve yaratılışı sembolize eder.

[42] Mitlerde evrenin yaratılışı.

Sudan çıkmak ise yaratılma eyleminin bir tekrarıdır. Suyla her temas yenilenmeyi ve yaşama potansiyelini artırır. İnisiyasyon ayinlerinde su; yeni bir doğum anlamına gelir. Büyü ayinlerinde iyileştirici güce sahiptir. Cenaze törenlerinde ise ölümden sonra yeniden doğuşu ifade eder. Tüm bu etkileri kendi içinde barındırdığı için su yaşamın bir simgesi hâline gelir. Bu bağlamda Kramer (2016: 13) Enki'nin ikonik bir boyutta suyun mitolojik gücünü en iyi temsil eden tanrı olabileceğinin altını çizmektedir.

Abzu (Apsu) yer altındaki tatlı sulara verilen isimdir. Sümerler, Enki'nin, Abzu'da yaşadığına inanırlar (Leeming, 2010: 375). Yeraltındaki tatlı su birikintisini ifade eden Abzu, aynı zamanda güney Mezopotamya'nın bataklığıdır. Bu bölgedeki verimli bataklıklar, bolluk kaynağı olarak görülür. Apzu insanın yaratılışı mitinde; Enki, Ninmah ve Nammu'nun ilk insanı oluşturduğu yerdir. Mezopotamya'daki en eski kutsal alanlardan biri, lagünle çevrili bir tepenin üzerinde bulunan güneydeki Eridu kentidir. Buradaki büyük tapınak, Apzu'nun evi olarak bilinir ve Enki'ye adanmıştır. Diğer kült merkezlerinde Apzu'yu temsil eden doğal ya da yapay göller bulunmaktadır (Leick, 1991: 11-12).

Katip Adda'nın yeşil taş silindir mührü, Enki'yi balık dolu bir nehirle tasvir edilmiş olarak gösteriyor. MÖ 2300-2200 civarı. British Museum (www.britishmuseum.org)

Enki'nin eşi Ninmah, Sümerlerin ana tanrıçasıdır. Yüce Hanımefendi, onun en meşhur unvanıdır (Leick, 1991: 134). Mezopotamya'da, hemen hemen tüm arkeolojik kazılarda, geniş kalçalı ve çıplak kadınların kilden yapılmış heykelleri bulunmuştur. Bunlar, ana tanrıçaya devam eden hürmetin kanıtı olabilir. Kullanılan unvanlardan en eskileri: Ninhursaga, "Dağın Hanımı", Ninmah, "Yüce Hanım", "Efendinin Yüce Eşi" diğer unvanlardır (Leeming, 2010: 469). O üreme eyleminden sorumlu bir ana tanrıçadır. Doğurganlığı ve bolluğu sembolize eden inek rahmi ile temsil edilmiştir (Verderame, 2018: 797).

İnsanın Yaratılış Mitinde Engellilik

İnsanın yaratılışı Enki ve Ninmah mitinde ayrıca Akad Atrahasis[43] ve Babil Enuma Eliş mitlerinde de mevcuttur (Espak, 2010: 184). Bu Sümer miti yaklaşık yüz elli satırlık bir metindir. Metnin iki ayrı kısmı vardır. İlk elli beş mısra yaratılışın amacını anlatmaktadır. Diğer kısım ise insan ırkının kökeninin açıklamasıdır. Mit, Enki ve Ninmah'nın engelli insanlar yaratmak hususunda rekabet ettiği bir yarışmanın sürecini anlatır. İlk olarak Ninmah, Enki'nin toplumda istihdam edeceği altı engelli insan yaratır. Sonra Enki öyle ciddi sorunları olan bir insan yaratır ki Ninmah ona toplum içinde bir yer bulamaz. Yarışmada yenilir ve Enki'nin yaptığından muzdarip olur ve şikâyet eder (Lambert 2013: 330).

Enki ve Ninmah miti en çok bilinen antropogoni[44] mitlerindendir (Espak, 2010: 186). Mitin ana teması, insanın yaratılışıdır. İlk insan, Mezopotamya tanrılarının dünyevi iş yükünü hafifletmek hatta tamamen onları bu işlerden kurtarmak için yaratılmıştır. Dünyanın yaratılmasından sonra küçük tanrılar, büyük tanrıların üzerlerine yüklediği işlerden bıkarlar. Bu nedenle tanrıları doğuran tanrıça Nammu, onların şikâyetlerini insanlığın yaratıcısına iletir. Nammu, Enki'nin rehberliğinde Apsu'dan aldığı kilden şekillendirdiği ilk insanı yaratır. Mitin ilk

---

[43] Atrahasis, insan hayatını yok etmek için tanrılar tarafından gönderilen Büyük Tufan'ın Akad destanıdır (https://www.worldhistory.org).

[44] Mitlerde insanın yaratılışı.

yarısı, tanrıların yükünü omuzlayan ilk insanı başarılı ve sağlıklı bir şekilde yaratan Nammu ve yardımcısı Ninmah onuruna düzenlenen bir kutlama sahnesiyle sona erer. Mitin ilerleyen satırlarında, sonradan yaratılacak olan engelli bireylerin aksine bu ilk insanın bedenen ve ruhen sağlıklı olduğu anlaşılmaktadır (Kağnıcı, 2018a: 430-431).

Enki ve Ninmah'ın yaratılış miti insanları, tanrılara hizmet etmek için yaratılan bu işçiler kanal kazmak, tahıl yetiştirmek, bira yapmak gibi zahmetli işlerin yanında ritüellerin gereklerini de yerine getirirler. Örneğin, Enuma Eliş ve Atrahasis mitinin ilk tabletinde tanrılar, insanları yaratmak için tanrıların ebesi olan bilge Mami'ye başvururlar. İnsanlar, tanrıların hizmetkârları olarak yaratılmış dayanıklı ve çalışkan bir soydur. Atrahasis miti, tanrıların sinir bozucu yaratıkları çok gürültücü hâle gelirlerse, kendilerini rahatsız ederlerse yok etmeye çalışabileceklerini bildirir. Ancak tufandan sonra tanrılar, yaratılan insanların önemini kabul ederler. Enki ve Ninmah miti, engelli ve engelli olmayan insanların kökenini de açıklayan eğlenceli bir mitte insanlığın yaratılışını anlatır (Walls, 2007: 16-17).

Mitin temel amacı, birçok Sümerlinin aklında olan iki yönlü bir soruya cevap vermektir: engellerine rağmen toplumda faydalı işler edinmiş tüm engelli insanların kökenleri ve varoluşları. Enki, mükemmel ve prototip ilk insanın yaratılışını kutlamak için verilen ziyafette tanrılar tarafından büyük işlerin ve muhteşem zekânın tanrısı olarak onurlandırılır. Bu durumu içine sindiremeyen iyice sarhoş olmuş Ninmah, Enki'nin kendilerine bir kader tayin edemeyeceğini düşünerek, altı engelli insan yaratır (Kramer, 2016: 31). Ninmah işe koyulur ve hepsi de bedensel bakımdan engelli altı insan yaratır. Ancak Enki sonunda, Ninmah tarafından yaratılan her engelli insan için bir kader bulur (Budin, 2015: 34).

Walls (2007: 18-19) bir rekabet biçiminde olan bu oyunun detayları hakkında şu bilgileri verir. Ninmah tarafından çamurdan şekillendirilen ilk insan, güçsüz ellerini bükemeyen biridir. Enki onun kaderini kralın hizmetkârı olarak belirler. İkincisi kördür ve Enki ona sarayda müzisyen olarak görev verir. Üçüncüsü ise Enki'nin gümüşçü olarak görevlendirdiği iki ayağı kırık, felçli bir adamdır. İdrarını ve menisini tutamayan dördüncü insanı Enki tedavi eder. Ninmah'ın yarattığı beşinci kişi, Enki'nin ya kraliçenin hizmetine ya da Harem'de dokumacı olarak iş verdiği doğum yapamayan bir kadındır. Bu kadın, bir eş ya da bir annenin sosyal rolünü üstlenemediğinden, sarayda görevlendirilir. Yaratılan altıncı kişi, cinsel organları olmayan bir insandır. Enki ona kralın hizmetinde bir rol verir. Bu altı vakanın her birinde Enki, Ninmah'ın kasıtlı olarak yarattığı engelli insanlara, bir toplumsal konum ve üretken bir ekonomik rol bahşeder. Bu insanlara hayatlarını kazanmaları için basit görevler yanında ileri teknik beceriler (gümüşçülük) veya sarayda güçlü pozisyonlar verir.

Bu rekabetin devamını ise Jacobsen (1977: 163) şöyle tasvir eder. Ninmah'tan sonra sıra Enki'dedir. Enki engelli insanlar yaratacak Ninmah da onların kaderini belirleyecektir. Böylece Enki işe koyulur. İlk çabasını bilemiyoruz, çünkü mitin metni bu noktada bozulmuştur ama ikincisini biliyoruz. Enki'nin yarattığı Umul adında bir varlıktır. Enki'nin yarattığı bu talihsizin gözleri görmüyor, karaciğeri ve kalbi ona acı veriyor, elleri titriyor. Enki, Ninmah'a seslenir: "yarattığın insanların kaderini belirledim. Yarattığım insan için şimdi sen bir kader belirle bir iş bulup onunla geçimini sağlasın." Ancak Ninmah bu insan için bir kader belirleyemez. Yaratılana yaklaşır ve ona soru sorar ama cevap alamaz. Bir parça ekmek uzatır ama o onu almak için kolunu uzatamayacak kadar güçsüzdür. Ninmah kızgınlıkla Enki'yi azarlar. Enki, engelli insanların kaderleriyle nasıl başa çıkabildiğini ve geçimlerini sağlamanın yollarını, nasıl bulduğunu alaycı bir şekilde ona hatırlatır.

Enki'nin yarattığı Umul'un ayrıntılı tasviri şöyledir: ciğerleri ve karnı ağrıyor, kaburgaları burkulmuş, eli kafasına bağlı, sırtı ve ayakları zayıf, yürümez hâldedir. Bazı araştırmacılara göre onun özelliklerinin ve kusurlarının tanımı yaşlı bir adamı andırmaktadır. Umul'un doğmak üzere olan bir cenin olduğunu da öne sürülebilir (Stol ve Wiggermann, 2000: 110). Başka yorumlar onun çok yaşlı bir adam olduğunu öne sürse de birçok Sümerolog Umul'un ya savunmasız yeni doğmuş prematüre bir bebek ya da düşük yapmış bir fetüs olduğunu iddia etmiştir

(Walls, 2007: 19). Özel bir bebek olabileceği tahmin edilen Umul hakkında tereddütlü de olsa Sümer Tufan Hikâyesi ve Atrahasis Destanıyla birlikte Enki ve Ninmah'ta bize sunulan Sümer-Akad dillerinde yazılan metinlerde aksi yönde kanıt üretilene kadar Kilmer (1976: 267) şu geçici bir hipotezi ileri sürer: Umul Atrahasis mitindeki Ziusudra[45] ile özdeşleştirilebilir. Böylece ilk doğan insan, aynı zamanda Mezopotamya geleneğinin en az bir yaratılış mitinin de tufan kahramanıdır. Umul, Enki'nin oğlu ve insanoğlunun kurtarıcısıdır. Enki'nin, insanoğlunu yaşanacak sel felaketini önlemesi için kendi oğlunu uyardığını anımsarsak konu daha anlaşılır olabilir. Tufan kahramanının yarı tanrı olduğunu bilirsek ölümsüzlüğe kavuşmasının arkasındaki mantığı daha kolay açıklayabiliriz.

Mitin Engellilik Açısından Analizi

İnsanın yaratılış mitine göre, yaratılan engellilerin tümü kralın ve sarayın hizmetine verilir. Hatta ilk üçü, metinde adı geçmeyen kralın özel hizmetinde çalışma şansı bulmuştur. İlk bakışta, bırakın üstün özelliklere sahip olmayı, fiziksel ve zihinsel bazı sorunları olan bu kişilerin neden bu makamlara terfi ettirildiği sorusu akla gelebilir. Ancak çivi yazılı tabletlerde, antik Mezopotamya'nın farklı dönemlerinde bu tür hastalıklara sahip bireylerin kralların ve kraliçelerin hizmetinde oldukları görülmektedir. Üstelik tapınakların hizmetinde olan ve tapınağın ekonomisine destek olan engelli kişiler de vardır. Kralın

[45] Atrahasis mitinde tufandan kurtulan kişidir.

kişisel hizmetinde olan işitme engelli bireylerin kayıtları da mevcuttur (Kağnıcı, 2018a: 438-439). Sarayların büyüklüğü, güvenliği ve kişisel hizmetlerin gizliliği bu işlere uygun nitelikteki insanların istihdamını sağlamıştır. Engelliler de bu doğrultuda, müzik ve kişisel hizmetlerde saraylarda bulunmuşlardır.

Ayrıca bazı araştırmacılar, mitteki vücut salgılarını kontrol edemeyen engelli kişinin hastalığının idrar kaçırmayla ilgili olduğunu iddia etmektedir. Tanrı Enki tarafından kutsal su aracılığıyla iyileştirilen bu hastalık, özellikle cinsel yolla bulaşan bel soğukluğudur. Bu hastalığın en önemli semptomu, cinsel organdan sık sık sıvıların salgılanmasıdır. Bu salgı idrar veya meni değildir. Tedavi edilmediğinde her iki cinste de kısırlığa neden olabilir. Cinsel yolla bulaşabildiği için toplumun çok sayıda bireyine bulaşabilmektedir. Dolayısıyla bu hastalığın tedavisi, sadece bireyi değil, kişinin eşini ve yakınlarını da tehdit etmesi nedeniyle şarttır. Enki'nin bu kişilere farklı statüler vererek toplumsal bütünleşmeyi sağladığı düşünüldüğünde, bu hastalığı iyileştirmesinin ardındaki sebep muhtemelen hastalığın bulaşıcı ve toplumu tehdit etme potansiyeline sahip olmasıdır. Üstelik bu kişiden sonra tanrıça tarafından yaratılan bir sonraki kişi de kısır bir kadındır. Muhtemel belsoğukluğu olan adamdan bahsettiği düşünülürse bu bağlamsal olarak da anlamlıdır (Kağnıcı, 2018a: 436-437). Bu husus halk sağlığının o dönemlerde de dikkate değer bir husus olduğunu göstermektedir. Salgın hastalıklara ilişkin bir deneyim yaşandığı ve benzer durumlarda nasıl davranılması gerektiğinin altı çizilmektedir.

Ayaklarından engelli biri de gümüş işçiliğinde ustalaşmıştır. Çivi yazılı çok sayıda belgede, hareket kabiliyetini sınırlayan topallıktan söz eder. Bu şekilde engelleri bulunan kişiler için uygun görülen metal işçiliği, fazla hareketlilik gerektirmeyen bir meslektir. Ayrıca gümüş rağbet gören bir madendir ve günlük hayatta çok kullanılıyordur. Bu nedenle, gümüş işleme ustalığının prestijli bir meslek olduğu rahatlıkla söylenebilir. Bu gerçek göz önüne alındığında Enki'nin ayağında engelli bulunan bir adama gümüş ustalığı bahşediyor olması anlamlıdır. Orta Asur (yaklaşık MÖ 1400-950) ve Yeni Asur (MÖ 950-612) dönemlerine tarihlenen çivi yazılı metinlerde hadımlardan daha sık bahsedilmektedir. Bu kişiler Asur toplumunun yönetiminde ve ordusunda önemli üst düzey mevkilere sahiplerdir. Başlangıçta durumları olumsuz görünse de toplumsal ve politik rollerinin birçok engelli hatta sağlıklı insandan çok daha iyi olması dikkat çekicidir. Ancak Enki ve Ninmah mitinde yer alan "erkek ya da kadın cinsel organı olmayan" ifadesinin bir hadım süreci içermediğini belirtmek gerekir (Kağnıcı, 2018a). Hephaistos mitlerinde engellilerin hareket gerektirmeyen metal işlemeciliği, demircilik gibi işlerin engellilere uygun olduğuna dikkat çekilmiştir. Bu durumun Mezopotamya ve Mısır toplumları içinde geçerli olduğu anlaşılmaktadır. Ayrıca bu işler kıymet düzeyi yüksek becerileri de ifade etmektedir.

Mezopotamyalılara göre kişisel bir tercih olmayan engellilik, tanrılar tarafından belirlenen bir kaderdir. Ancak bu durum, engellilerin tecrit edilmesini ve toplumdan dışlanmasını gerektirmemiştir. Engellilik talihsiz bir durum olarak algılansa da tanrıların iradesi durumu tersine çevirmiştir. Toplum, onları yeteneklerini kullanabilecekleri alanlara yönlendirerek, onları topluma entegre etmeye çalışmıştır (Kağnıcı, 2018a: 445). Önemli bir nokta insanı yaratılış mitinde Enki, tanrıça Ninmah'ın yarattığı engellileri sahip olduğu tanrısal şifa ile tedavi etme yerine yalnızca onların topluma dâhil olmalarına yardımcı olmayı seçmesidir (Kağnıcı, 2020: 61). Bu doğrultuda topluma düşen görev engellileri yetenekleri doğrultusunda yönlendirmektir. Böylece onları üretken kılarak topluma katma değer sağlamalarına imkân verilmektedir.

Sümer yaratılış miti, çeşitli engelleri olan insanları toplumsal yapıya dâhil etmeye yönelik retorik bir girişimdir. Metin, bu kişilerin tıbbi durumlarını kabul eder ancak onları engelli ya da çalışamaz olarak kategorize etmez. Ninmah'ın yarattıklarına ihtiyaçlarını giderebilmeleri için kazançlı bir iş verilirken, bir cenin veya prematüre olarak Umul'un böyle bir üretken rolü yoktur. Topluma katkıda bulunmak yerine, hayatta kalabilmek için en temel ihtiyaçlarının tamamını başkaları tarafından karşılanmalıdır. Bu nedenle metin fiziksel veya işlevsel sorunları olan ve ekonomik olarak üretken yollarla topluluklarına entegre olan insanlarla, herhangi bir türde çalışmaya uygun olmayan (Umul tarafından temsil edilen) insanlar arasında ayrım yapar (Walls, 2007: 19). Dolayısıyla engelliler işleyen sosyal organizasyon içinde yeterli koşullar bulduklarında toplumun üyeleri hâline gelir ve yeteneklerine uygun mesleki becerilerle yüksek sosyal statüye ulaşabilir.

Kraliyet kitabeleri, engelli insanların ekonomik açıdan üretken işçiler olarak toplumda yer aldığını doğrulamaktadır. Tıbbi metinler, ağır engelli çocuklara ve yetişkinlere evde uzun süre bakıldığına dair bilgiler vermektedir. Tüm toplumlarda olduğu gibi Mezopotamya'nın da büyük ölçüde anormallik taksonomisi ve sınırları olmalıdır. Yine de cüzzamlıların[46] dışlanmasına ilişkin seyrek referanslar dışında, engelli insanların dışlandığına dair çok az kanıt bulunmaktadır. Benzer şekilde evli bir kadının çocuk doğuramaması, antik Yakın Doğu toplumlarında bir işlev bozukluğu olarak algılanmıştır. Enki ve Ninmah miti, kısır kadınları engelli insanlar listesine dâhil etmiştir. Çünkü kültürel normlar içerisinde bir kadının toplumsal rolünün eş ve annelik olduğu savunulmuştur (Walls, 2007). Enki, temel toplumsal rolünü taşımadığı için kısır bir kadının haklarını güvence altına almaya çalışmıştır. Nihayetinde kısırlık, toplumsal ve kültürel yönlerden normlara ve geleneklere uygun değildir. Bu kadın için Enki'nin belirlediği kader, onu toplumsal baskıdan kurtarmaktır (Kağnıcı, 2018a: 438). Kısırlığın hayatı devam et-

---

[46] Cüzzam hastalığının ilk kez ne zaman ortaya çıktığını kesin olarak belirlemek halen mümkün olmasa da hastalığın tanısı ile ilgili ilk yazılı kayıtlar M.Ö. 600'lü yıllara aittir. Hint, Mısır ve Çin uygarlıklarının bu tarihten daha önceleri MÖ 16-13. yüzyıllarda hastalığı tanıdıkları var sayılmaktadır. Cüzzamın nedeni bakteridir. Ağız ve burundan yakın temas sonucu damlacık enfeksiyonu ile bulaşır. Bakteri çok yavaş çoğalır. Semptomların görülmesi bazen 25 yılı bulabilmektedir (bilheal.bilkent.edu.tr).

tirmede bedensel herhangi bir kısıtlamaya neden olmadığı hâlde bu mitte engelli olarak değerlendirilmesi ilginç bir durumdur. Bu değerlendirmede sadece bedensel işlevselliğin değil toplumsal beklentilerin ve kişisel rollerin etkili olduğu anlaşılmaktadır. Bu toplumsal değerlendirmeye göre, kadın doğurgan olmalı ve hayatını bir anne olarak da sürdürmelidir.

Mit, yoruma açık olsa da insanların çeşitli yeteneklerinin topluma katkılarına göre değerlendirildiği bir sosyal engellilik modelini ifade ediyor gibi görünmektedir. Tıbbi veya bedensel bir engel kabul edilse de bu durum engelliyi bir işten diskalifiye etmez. Enki ve Ninmah mitinin bu nedenle farklı yeteneklere sahip insanlar için bir sosyal içerme yaklaşımını bizlere ilettiği söylenebilir (Walls, 2007: 30). Engellilik alanında üç önemli model bulunmaktadır: Ahlaki model, medikal model ve sosyal model. Bu modellerden sosyal model, engelliliğin bir toplumsal inşa olduğuna dikkat çeker. Bu doğrultuda tüm toplumsal yapıların engellilerin ihtiyaç ve beklentilerine göre düzenlenmesi gerektiğini savunur. Bunlar gerçekleştirildiğinde engellilerin toplumsal hayata katılımları da kolay olacaktır. Sümer mitinin bu modeli önceleyen uygulamalara dikkat çektiğini söylemek mümkündür.

Mezopotamya sosyal ve ekonomik tarih çalışmaları, genellikle çok fazla veriden yetersiz derlemeler yapıldığı için sentezlenmesi en yavaş alan olmuştur. Buna rağmen, erken dönem Mezopotamya sosyal ve ekonomik tarihle ilgili "tapınak-devlet hipotezi" MÖ III. binyılda Sümer toplumunun örgütlenmesiyle başlar. Bu hipotez, üçüncü binyılın ortalarında Sümer'deki tarım arazilerinin çoğunun tapınaklara ait olduğunu, böylece Güney Mezopotamya'nın ekonomisini kontrol ettiğini savunur. Şehir devletleri, siyasi liderlerin otoritelerini tanrılardan aldıkları teosantrik merkezler olarak işlev görür. Tapınak-devlet hipotezi ilk olarak A. Deimel tarafından erken dönem Sümer arşiv kayıtlarıyla ilgili bir dizi öncü çalışmada ortaya atılmıştır. Ancak tapınak devleti hipotezi, çeşitli argümanlar olsa da kanıtlanmış değildir (Foster, 1981: 15-16). Bunun yanında tapınak ekonomisine ilişkin Sümer metinlerinden de anlaşılacağı gibi sıradan insanlar için yaşam koşulları zordur, bu zor koşullarla mücadele etmek için tapınaklar ve uygulamaları gereklidir. Yapılan arkeolojik çalışmalar neticesinde elde edilen tedarik listeleri, tapınağa bağışlanan mahsulden ve orada çalışan insanların beslenmesinden bahsetmiştir (Kellenberger, 2017: 52).

Bu dönemlerde sosyal organizasyonun tapınaklarda odaklanmış olduğu anlaşılmaktadır. Tüm toplumsal ilişkileri düzenlemede mitler birer yasal altyapı olarak görülmektedir. Buna ek olarak toplumda yönetimin yapılanması da bu mitler vasıtasıyla olmaktaydı. Dolayısıyla tapınakların kutsal mekânlar olarak hayatın merkezinde olması muhtemeldir.

Engelliliğin nasıl kategorize edildiği dikkat çekmektedir. Kısırlık, hadım edilme ve cinsel organlardan sürekli sıvıların akması ile görme ve ortopedik engellik benzer zorluk üreten ve işlevsizlik barındıran durumlar olarak değerlendirilmektedir. Kısırlık ve hadım edilmenin toplumsal rollerden olan ebeveyn olamama bağlamında bir engellilik olarak görülmesi, üreme yeteneğinin eksikliğinin bir engellilik hâli olarak kabul edildiğini göstermektedir. Bunun yanında, engellilerin kendi koşullarında çeşitli mesleklere yönlendirildikleri de dikkat çekmektedir. Tanrı Enki engellilik için bir örnek uygulama niteliği ile engellileri nasıl istihdam etmişse onun otorite bahşettiği statülerde bunu yerine getirmek zorundadır.

Bu mitolojiden anlaşıldığı üzere o dönemde bu topraklarda canlı bir toplumsal ve dinî yaşam mevcuttur. Oldukça verimli alüvyonlu topraklar ve bol su ile beslenen sulak araziler ürün bolluğuna kaynaklık etmektedir. Bununla beraber birçok tarım ile ilgili meslek doğmuştur. Basit de olsa tarım tekniklerini geliştiren icatlar ortaya çıkmıştır. Söz konusu durumlar istihdam alanının zenginliğini de ifade etmektedir.

4. MISIR MİTOLOJİSİNİN CÜCE TANRILARI

Mısır Nil'in armağanıdır.

Herodot

Mısır'da elde edilen metinsel, paleopatolojik[47] ve ikonografik[48] kanıtlar, toplumun engelliliğe karşı tutumunu incelemek için önemli fırsatlar sunmaktadır. Bu engellilikler, doğuştan olduğu gibi sonradan geçirilen kazalar sebebiyle de oluşmuştur. Engelliliğin, tanrısal bir cezanın işareti olarak görülmediği Mısır'da, engelli bebeklerin kötülüklere maruz kaldığına dair kanıt yoktur. Kraliyet belgelerinde bu konuda kayıtlı bilgi de mevcut değildir. Yapılan çalışmalarda yeni doğanlarla ilgili yazılı tıbbi papirüslere ve reçetelere rastlanırken; engelli olarak dünyaya gelen bebeklerin kaderini belirlemeye yönelik hiç bir yazılı belgeye rastlanmamıştır (David, 2017).

---

[47] Paleopatoloji, fosilleri ve kemik kalıntılarını inceleyerek, geçmişteki insan ve hayvan bedenlerini etkilemiş olan hastalıkları inceleyen bilim dalıdır (tr.wikipedia.org).

[48] İkonografi; düşünceleri ifade etmek için resim ve sembollerin kullanılması veya dini veya siyasi bir grup vb. tarafından bu şekilde kullanılan belirli resim ve semboller (dictionary.cambridge.org).

Mısır, Afrika kıtasının Kuzeydoğusunda yer alan büyük bir ülkedir. MÖ III. binyılda bu ülkenin sınırları, Kuzeyde bugünkü Yunanistan ve Türkiye; Güneyde Etiyopya; Batıda Libya; Doğuda bugünkü Irak'a kadar uzanıyordu. Mısırlılar bulutsuz gökyüzü sayesinde, yıldızları ve diğer gök cisimlerini rahatlıkla izleyebiliyordu. Gök cisimlerinin hareketini açıklamak için de birçok mit geliştirilmiştir. Nil Nehri'nin yıllık yükselişini, tanrısal düzenin bir parçası olarak düşünülüyordu. Bu tanrısal düzen, yaratıcı güneş tanrısıyla (Ra) özdeşleştirilirdi. Güneş, yaşam için gerekli ışığın ve sıcaklığın kaynağıydı. Onların tasavvur ettiği tanrısal düzen, ülkelerini dünyanın merkezine yerleştirmiştir. Mısır tapınakları, tarihin bu mitsel anlatıların canlandırıldığı minyatür bir kozmos olarak tasarlandı (Pinch. 2002).

Mısırlılar, Nil'in aniden yükselişine veya renginin kırmızıdan yeşile dönmesine mantıklı bir açıklama getiremedikleri ve sürekli olarak yaşadıkları yıllık su baskınları sebebiyle şaşkınlık yaşamışlardır. Aslında yaşanan bu durumun mantık çerçevesinde açıklanması mümkündür. Nil'in kırmızı görünmesinin sebebi su üzerinde asılı kalan alüvyonlar, yeşile dönmesinin sebebi ise su üzerinde yüzen bitki örtüsüdür. Bunlar tabii ki doğal olaylardı. Ancak Mısırlılar bunları tanrıların işi olarak gördüler. Nil her yıl yükseldi, mahsuller bollaştı (Remler, 2010).

Mısırlıların neredeyse tamamı, Nil'i çevreleyen dar ancak çok verimli bir toprak şeridinde yaşıyordu. Nehir tarafından sulanan bu verimli Nil vadisinde, antik Mısırlılar dünyanın büyük uygarlıklarından birini kurdular. Üç bin yıl boyunca, ortalama bir Mısırlının günlük yaşamı hiç değişmeden durağan bir şekilde devam etti. İnsanların çoğu çiftçiydi. Yemek pişirmek, çamaşır yıkamak ve ekinleri sulamak için Nil'in sularına ihtiyaçları vardı. Tekneler kullanarak nehir üzerinde şehirler arası seyahat ettiler. Haziran'dan Eylül'e kadar Nil taştı. Bu sel mevsimlerinde araziyi ekip biçmek mümkün değildi. Bu süre zarfında birçok kişi marangozluk, metal işçiliği, çanak çömlek, mücevher ve diğer el işleri yapmakla meşgul oldular. Bazı insanlar da, piramitlerin, tapınakların ve diğer büyük taş yapıların inşası dâhil olmak üzere çeşitli işlerde çalıştılar (Nardo, 2001: 11-12). Bu toplumsal işleyişin, iş gücüne olabilecek ihtiyacı dikkate alındığında engellilerin kendi niteliklerine uygun iş ya da meslek bumaları daha rahat olmuştur. Çünkü birçok alanda vasıflı, ya da vasıfsız iş gücüne ihtiyaç duyulmaktaydı. Mimar, heykeltıraş, çiftçi ya da duvar ustası olarak çalışmak söz konusuydu.

Antik Mısır tarihi, büyüleyici bir hikâyedir. Mısır uygarlığı Nil kıyılarında yükselirken, ilk Mısırlıların masallarından ve inançlarından da mitolojileri doğmuştur. Mısırlılar ölümün gizeminden diğer tüm antik kültürlerden daha çok etkilenmişlerdi. Bu dünyada olduğu kadar öbür dünyada da iyi bir yaşama ulaşmak için çaba sarf ediyorlardı. Onların dinî inançlarının merkezinde, İsis'in kocası Osiris'in, kötü kardeşleri Set tarafından vücudunun parçalanarak öldürüldüğü, İsis ve Osiris miti vardı. Bu mite göre Osiris bir kutuya kapatılır ve Nil'e atılır. Yaslı eş İsis, ölmüş kocasının cesedini arar ve bulur. Mısır topraklarında ona yakışır bir cenaze töreni yapmaya karar verir. İsis'in, kocasının cesedini mumyalaması, Osiris'in yeraltı dünyasında dirilebilmesi için onun beden olarak eksiksiz olduğundan emin olmak için gösterdiği çabasının dışavurumuydu. Yaşamı boyunca sahip olduğu bedeni ölümden sonra da koruduğu ve ölen kişinin öte dünyada dirilip sonsuzluğa erişmesi için mumyalama çok önemliydi (Remler, 2010).

Antik zamanlardan beri Mısırlılar, tanrıların tehlikeli dünyasını insanlık adına düzen verecek ruhani bir lidere ihtiyaç duyuyorlardı. Bu lider genellikle yarı tanrısal statüye sahip bir firavundu[49] (Pinch, 2002: 4). Firavun ve ailesi, görkemli bir sarayda ihtişam içinde yaşıyordu. Orada, bu seçkin kişilere yüzlerce kraliyet hizmetkârı eşlik ediyordu. Bunların arasında doktorlar, kâtipler, gardiyanlar, hizmetçiler, aşçılar, dokumacılar, heykeltıraşlar, at arabası sürücüleri ve ahır bekçileri vardı. Buna karşın Mısırlı köylülerin çoğu, güneşte kurutulmuş tuğlalardan yapılmış basit kulübelerde yaşıyorlardı (Nardo, 2001: 12).

Antik Mısır, beş bin yıl öncesine kadar uzanan gelişmiş ve üretken uygarlıklarından biriydi. Mısırlılar, tanrılarını ve dinî liderlerini onurlandırmak için devasa tapınaklar ve görkemli mezarlar inşa ettiler. Hiyeroglif[50] yazı sayesinde, antik Mısırlıların yaşam organizasyonları hakkındaki bilgiler ve olaylar kayde-

---

49 Eski Mısır hükümdarlarına verilen unvan (TDK, 2023).

50 Yüzlerce sembolden oluşan Antik Mısır yazı sistemi.

dilmiş, böylece çağdaş araştırmacılar o günün faaliyetleri hakkında bilgiler elde etmişlerdir. Elde edilen kayıtlara bakıldığında Mısır'da, hayatın hemen her alanında cücelerin varlığı görülmektedir. Mısır sıcak ve kuru iklimi sayesinde ölü bedenlerin bozulmaması için geliştirilen mumyalama tekniğiyle, akondroplazi[51] hakkında önemli bir bilgi kaynağıdır. Tam ya da kısmi cüce kalıntılarına çokça rastlanılır. Özellikle Eski Krallık (MÖ 2700-2190) Dönemi'nde birçok yüksek statülü cücenin varlığı bilinmektedir. Bu cüceler için Mısır piramitlerinin yakınlarında mezarlar yapılmıştır. Kraliyet mezarlıkları içerisinde bulunan bu mezarlar, ölen soylulara ya da firavuna yakın olan üst düzey kişilere aitti. Bazılarının isimleri Seneb, Pereniankh, Khnumhotpe ve Djeder olarak bilinmektedir. Antik Mısırlılar, mezar ve tapınak duvarlarındaki yazıtlar ve temsiller, papirüs üzerindeki yazılı belgeler ve binlerce mezar eşyası aracılığıyla kültürleri, dinleri, hükûmet işleri ve günlük yaşamları hakkında muazzam bir miras bıraktılar. Sonuç olarak, cüceler de dâhil olmak üzere antik Mısırlıların günlük yaşamları hakkında pek çok bilgiye ulaşmak mümkündür (Kozma, 2006: 303). Dahası eşsiz coğrafi özellikleri ve cenaze törenleri, kaynak niteliğinde olan zengin bir kültürün günümüze ulaşmasını sağlamıştır (David, 2017: 75).

---

[51] Akondroplazi; orantısız boy kısalığına neden olan bir kemik büyüme bozukluğudur. Orantısız boy kısalığının en sık nedenidir. Özellikle, kol ve bacaklarda kısalık ve tipik yüz görünümü (çıkık alın, yüzü orta kısmının gelişim azlığı) ile bilinir. Ancak iskelet sistemindeki kemiklerin çoğu hastalıktan etkilenmiştir (akondroplazi. org.tr)

Antik Mısır Panteonu

Antik Mısırlılar birçok tanrıya inanıyorlardı. Bu tanrılar, Mısır'ın uzun tarihi boyunca var olan tanrılardı. Bazı dönemlerde farklı kimliklere sahip olan tanrı ve tanrıçalar bazen nitelikleri ve görevleri bir araya getirilerek birleştirildi (Remler, 2010). Mısır panteonunun en önemli tanrıçası İsis'tir. Mısır'ın ana tanrıçası ve dişil olan her şeyin tezahürü olan İsis, ilahi eş ve ilahi annenin tüm erdemlerini bünyesinde barındırır. İsis, kralın sembolik annesi ve halkın veli nimetidir. İsis'in göksel sembolü Sirius[52] yıldızıdır. Yeni yılın başında ortaya çıkaran bu yıldız, su baskınlarına sebep olan yağışlarla ilişkilendirilir ve toprağın bereket sebebi olarak görülürdü (Remler, 2010: 94). İsis ve kocası Osiris kardeşlerdi. Oğulları da şahin başlı tanrı Horus'tur (Remler, 2010: 95). Osiris, Nil Vadisi'nin ilk sakinlerine tarım ve sığır yetiştiriciliğini öğreterek Mısır'a medeniyet getirir. İsis de insanlara dokuma sanatını öğretir (Remler, 2010: 97). Taht tanrıçası olarak her Mısır kralının annesidir. Kralları emziren ve koruyan bir kobra yılanı olarak temsillerde yerini almıştır (Pinch, 2002: 149). Ölülerin tanrısı olan Osiris, tüm insanların ölüler diyarında, yeniden dirilişlerini gerçekleştirme umuduyla dua ettiği diriliş tanrısı unvanına sahiptir. Osiris, temsillerde mumya gibi sarılmış, sakallı bir adam olarak tasvir edilir. Antik Mısır'da gücün iki sembolü olan asa ve sopayı tutar (Remler, 2010: 144-145). Tanrıça İsis, öldürülen Osiris'in gövdesinin par-

---

[52] Kuzey yarım küreden görülebilen gece gökyüzünün en parlak yıldızıdır.

çalarını bir araya getirir ve böylece tanrı yenilenmiş olur. Tohumların çimlenmesi Osiris'in yeniden doğuşuna işarettir (Eliade, 2003b: 352). Osiris ölülerin kralı ve yargıcıdır. Gömme ve mumyalamanın her yönü Osiris mitolojisiyle bağlantılıdır (Pinch, 2002: 178).

Kaosun ve karanlığın tanrısı Set'in, şahin başlı tanrı Horus ile birlikte gökyüzüne hükmettiğinden bahsedilir. Horus, gündüz gökyüzünün tanrısı; Set ise gece gökyüzünün tanrısıdır. Onların çatışması, iyi ve kötü arasındaki savaş olarak görülür. İsis ve Osiris miti, şeytanın ilk örneği Set'in, Osiris'i nasıl öldürdüğünü, cesedini nasıl parçaladığını ve parçaları nasıl dağıttığını anlatır. Set'in Osiris'i öldürmekle Mısır dinî nin temeli hâline gelen diriliş fikrine katkıda bulunduğu öne sürülmüştür (Remler, 2010: 174- 175). Seth, ani seller ve kum fırtınaları gibi çölün tehlikeli yönleriyle ilişkilendirilmitir. Pek çok çöl hayvanı, özellikle antiloplar, yaban eşekleri onun yaratıkları olarak görülüyordu (Pinch, 2002: 192). Horus da Mısır panteonunun en önemli tanrılarından biridir. Birçok mitolojik rolünde şahin kafalı bir adam olarak tasvir edilmiştir ancak çoğunlukla insan vücutlu antropomorfik formunda gösterilir. "Göklerin Efendisi" olmanın yanı sıra Horus, yeraltı dünyasında da aktiftir (Remler, 2010: 83-84).

Panteondaki bir diğer tanrı Thoth, bilgelik ve ay tanrısıdır. Güneş tanrısı Ra'nın da yardımcısıdır. Aynı zamanda ilahi bir şifacı olan Thoth, Horus'un yaralı gözünü iyileştirmek için büyülü güçlerini kullanır (Pinch, 2002: 209). Piramit kitabelerinde ölü krallar, onun kanatları üzerinde göklere uçarlar. Yunanlılar, onu haberci tanrıları Hermes ile özdeşleştirmişlerdir (Pinch, 2002: 210 -211). Panteonun diğer bir önemli tanrısı Ra ise, ışık, enerji ve yaşamın kaynağı olan güneş tanrısıdır. Onun uyuyan ölüleri diriltebilmesi ve dünyayı yenileyebilmesi için, güneş krallığının ilahi savaşçıları her gece kaos güçlerinin üstesinden gelmek zorundadır. MÖ 25. yüzyıldan Roma Dönemi'ne kadar Mısır'ın tüm hükümdarları, kendilerini Ra'nın oğulları olarak adlandırmışlardır (Pinch, 2002: 183).

Antik Mısır'ın Cüce Tanrıları Bes ve Ptah

Mısırlılar arasında oldukça özel yerleri olan tanrı Bes ve tanrıça Beset, doğum ve yeniden doğuşla ilişkili koruyucu cüce tanrılardır. Mısırda Aha, Hity, Beset veya Bes isimleri altında birçok cüce tanrının var olduğu bilinmektedir. Bu cüce tanrılar genellikle gruplar hâlinde bulunurlar. Sanatsal yönden çok hünerlidirler. Çeşitli müzik aletleri çalarlar. Aha; iblisler, kaosun yılanları ve yabancı büyücüler gibi kötü güçleri ile mücadele ederler. Bu cüce tanrılar davul ve tef çalıp dans ederek kötülüğü uzaklaştıran bir tür şeytan kovucudurlar. Paradoksal olarak Bes, ölü bedenleri yeraltından göklere ulaştıran dev bir cücedir. MÖ I. bin yılda, ortak tanrı Horus-Bes, sihirde bir şifacı ve koruyucu olarak yer almıştır. Cüce tanrılara ilişkin kanıtlar çoğunlukla resimseldir. Sihirli nesnelerde, yatak odası mobilyalarında ve makyaj yapmak için kullanılan ögelerin üzerinde de resimleri bulunur. Bes muskaları ve heykelcikleri hâlâ popülerdir. Hatta bazı kadınlar, cinsel yaşamlarını ve doğurganlıklarını güçlendirmek için vücutlarını onun dövmeleriyle süslediler. Onun iri gözleri, düz bir burnu vardır. Kimi zaman aslan yelesi gibi görünen saçlarla tasvir edilir. Beset, Bes ile aynı aslan maskesi özelliklerine sahipti. Bazen bir cüce olarak, bazen de normal oranlarda bir vücutla resmedildi. Yeni krallık sırasında o, genellikle Beset yerine su aygırı tanrıçası Taweret ile eşleştirildi. Bes ve Taweret aynı zamanda MÖ I. bin yılın tapınaklarında bulunan doğum evlerinin tanrıları ve bebeklerin ilahi koruyucularıdır (Pinch, 2002: 118-119).

Bes, aynı zamanda çocukların koruyucusu ve dostudur. Alışılmadık görünümlü, genellikle dilini dışarı çıkaran ve asık suratlı, çirkin bir cüce olarak tasvir edilmiştir. Evin koruyucusu olarak temsilî görselleri ev dekorasyonlarına ve mobilyalara dâhil edilmiştir. Uzun penisi, aynı zamanda bir cinsellik tanrısı olduğunu da gösteriyordu. Bes'in Saqqara'daki odasının duvarlarında cüce ve çıplak tanrıça figürleri vardır. Cinsel güçlerini arttırmak isteyenler geceyi orada geçirirdiler (Wilkinson ve Philip 2007: 317).

Cüce Tanrı Bes
(www.worldhistoryedu.com)

Mısırda Ürkütücü görünümü ve nazik doğasıyla Bes'in popülaritesi hiç azalmadı. Grotesk yüz hatları ve salladığı büyülü bıçak, kötülüğü savuşturmak ve aileleri iblislerden uzaklaştırmak içindir. Aileler, Bes'i severdi, şans ve esenlik getirmesi için sık sık evlerine onun resmini çizerlerdi. O, Mısır'ın eski evlerinde yaşayan, küçük çocuklar için sürekli bir tehdit olan yılan ve akreplerden çocukları korurdu (Remler, 2010: 29).

Bes kültünün kökeni, Mısır bilimciler arasında tartışılmaya devam etmektedir. Bazıları, dolgun dudaklar, geniş düz burun ve tüylü başlık gibi vurgulanan özelliklerinden dolayı Mısır'ın güneyinden Nubia veya Afrika'dan ithal edilmiş bir tanrı olduğunu öne sürmüştür. Ancak tanrı Bes'in ithal edilen yabancı bir tanrı olduğuna dair çoğu teori göz ardı edildi. Onun imajı saf Mısırlı olarak kabul edildi (Kozma, 2006: 308). Bes, hayvan ve insan özelliklerini birleştiren melez bir doğaya sahiptir. Eski Krallık'ta, sünnet ve hasat ritüelleri ile bağlantılı tasvir edilmiştir. Nitekim ona biçilen en önemli rol, doğumun tehlikeli anlarında anne ve çocuğunu korumaktır. Doğum komplikasyonlarına yardımcı olması için bir büyü, doğum yapan kadının başına yerleştirilmiş kilden tanrı Bes figürü üzerine dört kez okunurdu. Greko-Romen dönemlerinde, Bes'in sert bir bakışla, sallanan bıçaklar ve kılıçlarla gösterilmesi, bir koruyucu olarak rolünün kötülüklere karşı savaşa kadar uzandığını gösteriyor. Bes, Greko-Romen Dönemi'nde de başvurulan bir tanrıdır. Tapınağı yakın zamanda Mısır'ın ortasındaki Baharia vahasında yer almaktadır. Tapınakta tanrı Bes'in dört fit boyunda büyük bir heykeli vardı ve şu anda heykel Mısır'daki Kahire Müzesi'nde sergilenmektedir (Kozma, 2006: 309).

Mısır'ın popüler koruyucusu Bes'in, cüce ve aslan, şiddetli ve nazik tavır, iğrenç ve komik görünüm, ciddi ve esprili roller, hayvansı ve esrarengiz bir doğa gibi zıt özellikleri vardır. Hantal ve tüylü, bazen de dekoratif girdaplarla stilize edilmiş gür kaşlara, bıyıklara ve sakallara sahiptir. Bazen bir veya iki çift tüylü kanatla tasvir edilmiştir. Bazen kafasının tepesinde skarabe[53]

[53] Mısır'da skarabe (bok böceği) sembolizasyonu oldukça önemlidir. Ayrıca Güneş tanrısı Ra'nın da önemli sembolleri arasındadır. Bir skarabe yumurtadan çıkınca ilk olarak bir hayvan gübre topunun içine gözlerini açar, bu top içerisindeki larva zamanla solucana (pupa evresi) dönüşür. Mısırlılar skarabelerin pupa evresini gözlem-

(bok böceği) ile temsil edilen Bes bu böcekle, bir bebek ve yaşlı bir adamı bir araya getiriyor. Bu birleştirme, gençleşmeyi ve yeniden doğuşu ifade etmek olarak anlaşılmaktadır. Cinsellikten doğurganlığa, doğum ve büyümeye kadar üremenin tüm yönlerinde ailenin mutluluğuna katkıda bulunur. Hem şifa hem de büyülü arınma açısından onun iyileştirici güçleri de vardır. Görevleri yaşam, doğum, yaratılış ve düzen üzerine odaklıdır. Dolayısıyla, Bes iyi olan her şeyi temsil ederdi (Van Oppen de Ruiter, 2020). Bes, Meroitik döneme kadar hem resmi hem de popüler inançlarda çok iyi karşılanmıştır (Petacchi, 2014: 208-209).

Antik Mısır'ın bir diğer cüce tanrısı da Ptah'tır. Kulakları iri, gözleri pörtlek, kaşları kalın, çarpık kısa bacaklı, burnu geniş ve düz boynu kısa ve tıknaz olarak tasvir edilir. Büyükçe bir kafaya sahiptir ve başında köşeli yuvarlak takke vardır. Hafifçe bükülmüş kolları şişkin göbeğinin yanına yerleştirilmiştir ve sıkılı yumruklarıyla iki yılanı boğmaktadır. Ptah (Pataikos) üzerinde göze çarpan üç unsur bulunmaktadır. Başının üstünde büyük ve üç boyutlu bir skarabe; omuzlarına tünemiş iki şahin vardır. O, tamamen antropomorfik, genellikle çıplak ve çocuksu niteliklere sahip tılsımlı bir erkek cüce olarak tasvir edilir. Ptah adına hazırlanan muskalar, insanları korumak ve iyileştirmek içindir. Ptah figürleri, skarabe güneş ve yenileyici simgesi aracılığıyla

leyerek ölülerini tıpkı bir koza gibi mumyalamaya başlamışlardır. Eski Mısır inanışında olduğu gibi buğün dahi skarabe biçiminde mühür ve muskalar şans ve uğur getirecek tılsımlar olarak itibar görürler (aktuelarkeoloji.com.tr).

bir yaratıcı tanrı rolüyle ilişkilidir. Skarabe aynı zamanda, tanrı Ptah'ın figürüyle göksel küreyi temsil eder (Minas-Nerpel, 2013).

Tanrı Ptah
(http://www.conorp.com/figuregroupofpataikos)

Memphis'in[54] yaratıcı tanrısı olan Ptah, dar bir giysi içinde gösterilir ve mumya şekilde sarılmış gibi görünür. Antik Mısır'ın uzun tarihi boyunca onun kostümü ve şekli neredeyse hiç değişmediği için kolayca ayırt edilir. Kült merkezi Memphis'te olmasına rağmen Mısır'daki tüm büyük tapınaklarda ona ibadet edildi. O, zanaatkârların koruyucu tanrısı olarak ortaya çıkmıştır. Çünkü sanatın ortaya çıkışını, sağlayan tanrısal güç Ptah'tır. Ölüler Kitabı'nda aktif rolleri olan bir tanrıdır. Aynı zamanda, ölen kişinin sonraki dünyaya yolculuğunda da yardımcıdır (Remler, 2010: 154-155).

Ptah, dünyayı kalbiyle yaratan bir tanrıdır. Ayrıca, tıp tanrısı olarak da, tarihî bir figür olan İmhotep'in[55] efendisi olarak kabul edilmiştir. Metal işçilerinin ve heykeltıraşların özel koruyucusudur. Antik Yunanlılar daha sonraları onu çarpık bacaklı demirci tanrıları Hephaistos ile ilişkilendirmiştir. Ptah, kendi kendini yaratan bir tanrı olarak takdir edilir. Aynı zamanda üçlü varlık Ptah-Sokar-Osiris'in bir parçasıdır. Bu grup, tüm yenilenme döngüsünü simgeliyor. Ptah yaratılışı, Sokar reenkarnasyonu[56] ve Osiris yeniden doğuşu temsil etmiştir (Pinch, 2002: 181-182). Ptah, çamura insan şeklini veren ve ona ilk yaşam nefesini

---

[54] Kahire'nin güneyinde bulunan antik kent.

[55] İmhotep (MÖ yaklaşık 2667-2600), Mısırlı bir bilgedir. Bir rahip, vezir, şair, doktor, matematikçi, astronom ve mimardı. Tanrılaştırılan bir Mısırlıdır. Zamanla bilgelik ve tıp tanrısı oldu. Yunanlılar tarafından Asklepios'u iyileştiren yarı tanrı ile bir tutuldu (worldhistory.org).

[56] Ruh göçü. Ruhun bir bedenden başka bir bedene geçerek varlığını her daim sürdürdüğü inancı, tenasüh (TDK, 2023).

veren tanrıdır. Yenilenme ve gençleşme ile ilişkilendirilmiştir. Zaman zaman akondroplasik cüce olarak temsil edilen tanrı Ptah, tanrı Bes'ten oldukça farklıdır. Cüce formunda çıplak bir insan olarak tasvir edilmiştir. Kısa uzuvları, uzun gövdesi ve büyük bir kafası vardır. Ayrıca Bes'ten farklı olarak silah da taşımaz (Kozma, 2006: 308).

Mitlerin Engellilik Bakımından Analizi

Antik Mısır'da cücelerin ne ölçüde sosyal bir grup olarak kabul edildiği belirsizdir. Ancak Mısır ikonografisinde cüceler, bir dizi beceri ve göreve sahip yaşadıkları hane halkına bağlı bireyler olarak görünürler. Bu yakınlık Giza nekropolündeki[57] cüce mezarlarının, hane halkının mezarlarına yakınlığı ile akla gelebilir. Bu yakınlığın temeli o dönemde geliştirilen ve cücelerin de içinde bulunduğu bir topluluk duygusunun varlığına işaret eder. Akondroplastik cücelik, en yaygın genetik mutasyonlardan biri olduğu için bu bireylerin soylu ailelerde doğmaları onların ayrıcalıklı konumlarını da bu şekilde elde etmelerine olanak sağlamıştır (Jeffreys ve Tait, 2000: 89). Burada engelliliğin evrensel bir özelliği dikkat çekmektedir. Engellilik her ulusta, her toplumsal sınıfta farklı yer ve zamanlarda mevcut olmuştur. Kraliyet ailesinde de cüceler vardır. Çünkü cücelik aynı zamanda kalıtsal bir durumdur.

[57] Nekropol: (Yunanca "ölüler şehri"), arkeolojide, antik bir şehrin kapsamlı mezar alanı. Akdeniz dünyasında, nekropol geleneksel olarak şehrin dışındadır (britannica.com).

Cüceler yaşadıkları toplumlarda her zaman özel bir ilginin konusu olmuşlardır. Hatta toplumdaki yönetici sınıfın da bu insanlara dair büyük bir meraka sahip olduklarını, kimi zaman onları kendi yanlarında bulundurma konusunda istekli oldukları bilinmektedir. Antik Mısır'da cüceler aile kurabilmekte ve çocuk sahibi olabilmekteydi. Bazı kaynaklar onların kendine benzer cüce olmayan ve kendilerinden daha uzun kişilerle evlendiklerinden bahsetmektedir. Bazen evlendikleri kişiler toplumsal açıdan daha üst sınıftan da olabilmekteydi (Kağnıcı, 2021: 11-12). Büyük ihtimalle, antik Mısır'da cücelerin önemli ölçüde toplumsal dışlanma sorunu yaşamamaları, cüce tanrıların ilahi nitelikleri ve çok yönlülüklerine duyulan saygı ve hayranlıktan ileri gelmekteydi (Kağnıcı, 2021: 16). Antik Mezopotamya'da genel olarak cücelerin sosyoekonomik hayata katkılar sunduklarını dile getirmek mümkündür. Antik Mısır ve Mezopotamya'nın yazılı ve ikonografik kaynaklarında cücelerin, antik Yakındoğu'da bilhassa saray ve kamusal alanlarda sadece eğlence insanları olmadıkları görülmektedir. Aynı zamanda bu insanlar ekonomik üretime katkı sağlamış ve bazı dinî görevler üstlenmişlerdir. Hatta bazı açılardan kutsallık ve tanrısal bir nitelik taşıdıkları için mistik ve doğaüstü varlıklar olarak da değer görmüşlerdir (Kağnıcı, 2021: 26). İnsanların cüceleri topluma bu kadar kolay kabul etmelerinde mitolojik anlatıların ve tanrısal temsillerin etkili olduğu anlaşılmaktadır. Cüce insanlar âdeta cüce tanrılarla özdeşleştirilerek anlamlandırılmış olmalıdır.

Eski Krallık, Giza'dan Seneb ve ailesi. Kahire, Mısır Müzesi (Dasein, 1988: 276).

Mısırlılar hastalıktan, deformasyondan ve yaşlılığın etkilerinden arınmış, idealize edilmiş, genç bedenlerle yeniden doğmayı umuyorlardı. Bu dönüşümün gerçekleşebilmesi ve öte dünyada bedensel fonksiyonları bozulmadan varlığını devam ettirebilmesi için ölen kişinin cesedinin sağlam olması esastır. Bu nedenle mumyalayıcılar, eksik uzuvları protezlerle tamamlayarak vücudu eski hâline getirmek ve korumak için önemli çaba sarf etmişlerdir. Bu durum, ölülerin kralı Osiris'in mitinde de görüldüğü gibi vücut parçalarının yeniden bir araya getirilmesinin taklidiydi. Bazı toplumlar engellileri toplumdan dışlamak için dinî gerekçeler buldular. Bununla birlikte, Mısırlıların bedensel sorunları olanları damgalamak için dinî bir bağlamları yoktu. Aksine Osiris miti, fiziksel olarak zarar görmüş yine de sonsuz mükemmelliğe ulaşmış bir tanrıya tapınmayı teşvik ediyor ve herkese idealize edilmiş bir öbür dünya umudu sunuyordu. Bu arka plan sayesinde Mısırlılar engellileri toplumlarına kolayca entegre ettiler ve pratik ihtiyaçlarının birçoğunu karşılamak için etkili çözümler geliştirdiler (David, 2017: 86). Bu dünyadaki fiziksel durumları ne olursa olsun, insanlar ölümden sonra kendilerine mükemmel bedenler sağlanacağını umdular. Kraliyet ailesi ve seçkinler neredeyse tüm temsillerde her zaman genç, sağlıklı yetişkinler olarak temsil edildiler (David, 2017: 75). Osiris mitinde her türlü ampütasyon (uzuv kaybı) bağlamında bedensel bütünlüğün öte dünyada sağlanacağına dair önemli bir atıf bulunmaktadır. Dolayısıyla gündelik hayatlarını engelli olarak devam ettiren engellilerin öte dünyada mükemmel bir beden ile dirileceği fikri hem engellilerin kendileri için hem de diğer insanların onlara karşı olumlu bakışını doğurmuştur.

Mısırlıların engellileri dinî veya kamu görevlerinden alıkoyduğuna dair hiçbir kanıt yoktur. Körlere de özel bir statü verilmiştir. Mezarlarda ve tapınaklarda gerçekleştirilen dinî etkinliklerde koro şarkıcısı olarak sahne almışlardır. Soylu kimselerin evlerinde de arpçı ve müzisyen olarak çalışmışlardır. Mısır'da, engelliliğin herhangi bir düzeyde rahiplik görevinde bulunmaya engel olmadığına dair çok sayıda kanıt vardır. Hem Mısırlılar hem de Yunanlılar, insan vücudunun tanrıların suretinde tasarlandığına inanıyorlardı. İnsanlarda bütünlük ve güzellik, yalnızca ahlaki ve entelektüel üstünlüğü değil; aynı zamanda ilahi takdiri de gösteren bir unsur olarak görülüyordu. Bu, Mısırlıları, ister eksik ister tam olsun, her insanın tanrısal bir kökene sahip olduğuna inanmaya yöneltmişti. En önemli cüce tanrılar arasında Bes ve Ptah geliyordu. Bu tanrılar güneşe tapma, doğum, ölüm, uyku, müzik, kadınların ve çocukların korunması ile ilişkilendirilmiştir. Cüce tanrıların bu kadar önemli rollere sahip olması, insanları şekil bozukluğunu kabul etmeye teşvik etmiş olabilir (David, 2017: 84-85). Mısırlıların ölüme ve öbür dünyaya karşı inançları, onların çeşitli anormalliklere ilişkin algılarını da etkilemiştir. Bu dünyada sadece engelliler değil, kimse mükemmel değildir. Kişiler ölümün ardından yeniden dirilmektedir. Ancak bu dirilişin inançlara ve iyi eylemler bağlı olduğu da söz konusu olmalıdır. Bu öte dünya inancı, engelliliğin sadece bu dünyaya ait olduğunu göstermektedir.

Mısır'da özellikle Eski Krallık Dönemi'ndeki sanatsal kaynaklar, günlük yaşam aktiviteleri bağlamında engellilerin konumu ve topluma katılımına dair zengin belgeler sunmaktadır. Mısır'da tüm engelli bireyler muhtemelen toplum tarafından kabul edilmiş ve bu bireylere toplumda görünür bir rol verilmiştir. Ayrıca bu kişilere ait olan bedensel eksiklikler bir engel olarak gösterilmemiştir. Engelli bireylere yönelik olumlu tutumun bir başka göstergesi de ahlak ve hikmet öğretilerinde ortaya çıkar. Özellikle Eski Krallıktan birkaç yüksek rütbeli cüce, önemli bir statü elde etmiş ve öldükten sonra da kraliyet mezarlığının yakınında mezarlara gömülmüşlerdir. Hiyerogliflerde yer alan bilgilere göre kişinin bu mezar yerlerine defnedilmesi ve heykellerinin bulunması, saygın birisi olduğunun kanıtıdır. Tanrı Bes gibi koruyucu tanrılar içinde, deforme olmuş çok az tanrı vardı. Krallar ve rahiplerin, ara sıra hastalık ve engellilikten muzdarip oldukları bilinmesine rağmen krallar ve rahipler ideal formlarında, genç, yakışıklı ve mükemmel vücutlarla tasvir edilmişlerdir (Mahran ve Samar, 2016: 186-187).

Cüceler; "küçük insanlar", elfler veya periler hakkındaki mitlere, halk masallarına ilham vermiş olabilir. Cüceler, bazı toplumlar tarafından marjinalleştirilmiştir. Ancak Mısırlılar, cücelere sadece müsamaha değil önem ve saygı da göstermiştir. Cücelerin resimli temsilleri, bazı dönemlerin Mısır sanatında bol miktarda bulunur. Özellikle Eski Krallıkta birçok yüksek statülü cüce, önemli bir mevki elde etmiş ve piramitlerin yakınında yer alan gösterişli mezarlara sahip olmuşlardır. Kraliyet mezarlıklarındaki pahalı mezarları ve heykellerindeki yazıtlar, onların Mısır toplumundaki üst düzey konumlarını ve kralla olan yakın ilişkilerini göstermektedir (Abdel Baki, 2021: 159-160).

Cüce Tanrı İblisleri Kovuyor.
(Dasein, 1990: 194)

Cücelerle ilgili her kültür, farklı ayrıntılı modeller geliştirmiştir. Mısır'da cüceler, çok kısa uzuvları olan normal yüzlerle, antik Yunanistan'da saçsız kafalar ve kalkık burunlarla karakterize edilirken, Helenistik ve Roma dünyasında aşırı büyük bir cinsel organla temsil edilmesi yaygın bir özelliktir. Yüzyıllar boyunca cüceler Mısır'da (güneş tanrısıyla yakınlık) ve Yunanistan'da (Dionysos ile yakınlık) olumlu bir şekilde değerlendirilmiştir. Ancak Roma'da yalnızca apotropaic[58] ve eğlenceli nitelikleri öne çıkmıştır. Yunan tasvirlerinde cüce kadınların olmaması, kadınlarda fiziksel sorunların Atina'da kabul edilmekten uzak olduğunu göstermektedir. Erkek cüceler, Dionysos kültüyle bütünleşmeleriyle kabul edilebilir hâle getirilmiştir (Dasen,

[58] Kötülükten veya kötü şanstan koruduğuna inanılan varlık, nesne vb.

1998: 276). Atina'da cücelerin durumu çok net değildir. Yasal kısıtlamaların olmaması, vatandaş statüsünün ilke olarak tanındığını göstermiştir. Atina toplumu içinde cücelerin yer edindiği bilinmektedir. Onları Atina sokaklarında, spor alanlarında görmek mümkündür. Hizmetçi olarak görev yapan cüceler sadık hizmetkârlar olarak anlatılarda yer edinmişlerdir. Yine de kısa boylu insanların tamamen normal vatandaşlar olarak görüldüğü iddia edilemez. Kadınlarda meydana gelen şekil bozukluğu hoşa gitmemiş ya da rahatsız edici olarak görülmüştür. Antik Yunan vazo resimleri, cüceleri uzak bir ülkede yaşayan, kısa boylu, zararsız, tombul insanlardan oluşan bir ırk gibi tasvir eder (Dasen, 1990: 203-204). Doğal olarak her toplumun tarihsel, kültürel birikimi ve toplumsal yapısı cüceler ve farklı nitelikteki engelli gruplar hakkındaki düşünce ve algılarını etkilemiştir.

Cücelerin büyülü bir anlamı olması gerekir. Bu nedenle heykelcikler ve tılsımlar en eski çağlardan itibaren onların şekillerinden oluşturulmuştur. Bir papirüste, doğumu kolaylaştıran "Cücenin Büyüsü" adlı bir büyü vardır. Sihirli sözlerin sonunda şunlar yer alır: Doğum yapan kadının tepe noktasına yerleştirilmiş kilden bir cüce üzerinde bu sözleri dört kez söyleyin. Başka bir büyülü papirüste bir cücenin çağrıldığı bir büyü vardır: "Ey cennetin cücesi! Ey cennetin cücesi! Yüzü büyük, sırtı uzun ve bacakları kısa olan cüce." (Dawson, 1938: 188). Bu bağlamda cüce tanrılar, yaşanılan hayatın içinde aktif olarak vardırlar. Çünkü her zaman biryerlerde çocukları dünyaya gelmektedir.

Bu da onların tılsımlı ve koruyucu işlevlerinin sürekli canlı tutulduğunun kanıtı olabilir.

Cüce, Antik Çağ'da genellikle hem komik hem de kötülüğe karşı koruyucu olabilecek başka bir figürle, kamburla ilişkilendirilir. Cüce gibi kambur da; genellikle bir tiyatro karakteri olarak ortaya çıkar, bazen dans ederken görülür (Shapiro 1984: 391). Tarihsel olarak, cüceler alışılmadık boyları nedeniyle eğlence ve merak nesneleri olarak görülmüştür. 21. yüzyılda cüce sanatçılar hâlâ rağbet görmeye devam etmektedir. Tuhaf olarak görülse de bilinçli ve "yetişkin çocuklar" olarak rol almak, onların daha çok sosyalleşmesine izin vermiştir. Cüceler, yetenek, başarı, evcillik ve sevimliliği vurgulayan ve büyük ölçüde olumlu şekillerde sunulmuştur (Backstrom, 2012: 486-487). Burada çeşitli tarihsel zamanlarda bilhassa cücelerin eğlence aracı olarak kullanıldığını hatırlamak gerekir. Çalışmalar bunun neredeyse her toplumda mevcut olduğunu göstermektedir.[59] Söz konusu durumun günümüz modern toplumlarında ortadan kalktığını söylemek ne yazık ki zor görünmektedir.

Cüceliğin varlığı, zengin biyolojik ve sanatsal miraslar nedeniyle antik Mısır'da fazlasıyla belgelenmiştir. Antik Mısırlılar, ahlaki öğretiler geleneği yoluyla manevi doyum arayışıyla ilgileniyorlardı. Amen-hotep III (MÖ 1391-1354) Dönemi'nde yaşamış bilge bir insan olan Amenemope, engelli bireylere saygı gösterilmesinde etkili olmuştur (Kozma vd., 2011: 1817). Bu

---

[59] Bk: "Cüce Kitabı" (Haz: Emine Gürsoy Naskalı), İstanbul: Kitabevi Yayınları, 2021.

bilge kişinin (kitabın başlangıcında kullanılan), engellilere yönelik hassasiyeti içeren talimatları tekrar (Simpson, 2003: 241) hatırlatılabilir:

Ne kör bir insana gül ne de bir cüceyle alay et,
Hiçbir engellinin hayatına müdahale etme,
Tanrı'nın engelli yarattığı ile dalga geçme
Hata yaparsa kaşlarını çatma.
İnsan saman ve çamurdandır,
ve Tanrı onun yaratıcısıdır;
O her gün yıkar ve inşa eder,
Dilerse binlerce kişiyi engelli yapar,
Ama O, binlerce kişiyi emre amade kılar,
İnsanlara hayat bahşederken.
Ne mutlu Tanrı'nın yanında güvende olacağı
Ölüm ülkesine ulaşana.

Mısır mitolojisinde Osiris miti ve cüce tanrıların varlığı ile bazı bilge kişilerin talimatları engellilere dair olumlu düşüncelerde etkili olmuştur. Mumyalama ve öte dünya inancı gibi unsurla da bu düşüncelere yön vermiştir. Dolayısıyla bu mitolojik anlayışların toplumsal yaşamı düzenleyerek insanların tümünün bir arada bulunmalarına etki ettikleri anlaşılmaktadır.

5. JAPON MİTOLOJİSİNİN SÜLÜK ÇOCUĞU HİRUKO

Mitolojilerin çoğunda tanrıların doğuşu ile ilgili mitler mevcuttur. Japon mitolojisine göre; ilk yağlı okyanus maddesinden kamış benzeri bir madde ortaya çıkar. Bu bir tanrıydı ve aynı zamanda erkek ve kadın olmak üzere iki tanrısal yaratık daha var olur. Bu üçlü, göksel mekânlarında nesiller boyu tanrı ve tanrıçalar yaratır. Uzun bir süre sonra nihayet İzanagi ve İzanami yaratılır. Gökkuşağı olduğu kabul edilen bir köprüyle cennetlerinden okyanusa inerler. İzanagi mızrağıyla bu ilk okyanusu karıştırır, mızrağın ucundan düşen damlalar katılaşır ve Ono-koro adasını oluşturur (Piggott, 1982: 15). Bundan sonra İzanagi ve İzanami birçok tanrı ve tanrıça yaratır. Ancak İzanami Ateş Tanrısı Kagutsuchi'yi doğurduğunda bir trajedi yaşanır. Alevler tanrıçayı yakarak öldürür. İzanagi keder içinde ateş tanrısının kafasını keser. Ölü tanrıdan başka tanrılar doğar. İzanagi'nin gözyaşları başka tanrılara hayat verir. Ama bu olay sonrasında karısı yeraltı dünyasına, Yomi'ye gitmiştir. İzanagi onu bulup geri getirmeye karar verir. Ancak oraya vardığında İzanagi, onunla birlikte dönemez ve kapalı kapılar ardında kilitli kalır. İzanagi pes etmemiştir. Sonunda karısının bulunduğu saraya hücum eder. Onun çürüyen cesedinde solucanların gezindiğini görür. İzanagi dehşet içinde uçup gider. Artık onunla kalmayacağına kızan İzanami, onu geri getirmesi için gök gürültüsü tanrılarını ve iblislerini gönderir. Ancak İzanagi kendi büyüsü ile kaçmayı başarır. Dünyaya döndüğünde sol gözünü yıkar. Bu, Güneş Tanrıçası Amaterasu'yu yaratır. Sağ gözünü yıkadığında ise Ay Tanrısı Tsukiyomi doğar. Denizlerin ve Fırtınaların Tanrısı Susano-Wo burnundan yaratılır (Roberts, 2004: 53-54).

Japon mitolojisi, komşu Çin'in mitolojisinden önemli ölçüde etkilenmiştir. Çin mitolojisi, göksel imparator tarafından yönetilen göksel görevliler, prensler ve generallerden oluşan yerel tanrılar geleneğidir. Çok sayıda yerel tanrı göksel görevliler biçiminde panteona dönüştürülmüştür. Japonlar, Çin'den mitolojik figürler ödünç aldığında insanın tanrılaştırılmasına yönelik gerekçelerin çoğu ortadan kalkmıştır. Çünkü Japonya'nın tanrısal ve insani karşılaştırmalı bir bürokratik sistemi yoktur. Sonuç olarak Japonya'daki mitolojik figürler, Çin orijinallerinden farklı derecelerde önem kazanmışlardır hatta farklı roller oynarlar. Japon mitolojisini etkileyen önemli kaynaklardan biri olan Hint Budizmi, Hinduizmin mitolojik geleneğini kendine uyarlamıştır. Hinduizmin başlıca tanrıları Budist figürler olarak biçim alır. Japon mitolojisine aktarılan bu tanrılar, Japon isimleri ve nitelikleriyle yerli figürler hâlini alır (Ashkenazi, 2003). Mitolojik olanlar da dâhil olmak üzere Japon gelenekleri, başka dış kaynaklardan da etkilenmiştir. Örneğin, Ainu mitolojisi, Japonya'nın kuzey ve kuzeybatısındaki Okhotskian[60] ve Tungus[61] kültürleri gibi birçok komşu kültürde bulunabilen geleneklerin ifadesidir. Japon mitleri arasında -toprağın yaratıcılarının miti, İzanagi ve İzanami'nin kardeş-eş kombinasyonu ve güneye doğru uzanan ada zincirlerinin proto-Polinezya kültürlerinden gelen mitler arasında benzerliklerin izini sürmek de mümkündür (Ashkenazi, 2003).

Japonya'nın yerel dinî olan Şinto[62] (Şintoizm) ile Japon mitolojisi ilişkilidir. Bu din, büyük ölçüde doğal veya doğal olmayan maddi nesnelerde bulunan ruhlara saygı duymaya ve onlara hitap etmeye dayanmıştır. Dağların, ağaçların, şelalelerin, suların, kayaların ve benzer varlıkların, kamiye[63] sahip olduğu

---

[60] Okhotsk, Rusya'nın en doğudaki kentidir. Kuzey Kore sınırında bulunur (tr.wikipedia.org).

[61] Tunguzlar, Sibirya ve Kuzey Asya'da yaşayan ve Tunguz dilleri olarak bilinen yaşayan on iki dili kapsayan dilleri konuşan etnik gruptur (tr.wikipedia.org).

[62] Şinto tarih öncesi çağlardan kalma animistik inanç şekillerinin -Taoist, Budist ve Konfüçyüsçü unsurların da etkisiyle- Antikçağ'larda şekillenmeye başlayan bir inanç biçimidir. Daha ziyade ataların ruhlarıyla ilişkilendirilen tabiatüstü varlıklara veya güçlere (kami) belli ritüeller çerçevesinde tapınma, Japon geleneğine ve aileye saygı gösterme üzerine kurulu bir dinî öğreti ve hayat biçimidir. Şintoizm, aynı zamanda ilkel bir tabiatçılık anlayışından beslenen ve tabiatla insan arasında görünen ve görünmeyen her türlü ilişkiye önem atfeden güçlü bir ahlâk sistemi geliştirmiştir. Bu tabiatçı ahlâk anlayışı, Konfüçyüsçü sosyal ahlâkın da etkisiyle Ortaçağdan itibaren günümüz Şintoizm'inin temelini oluşturmuştur. Şintoizm'in bir diğer özelliği Japonya ve Japon halkıyla özdeşleşmesi, dolayısıyla dışarıya kapalı bir din olmasıdır (Demirci, 2010: 177).

[63] Kami karmaşık bir terimdir. Bir isim olarak kami, hayvanları ve doğa olaylarını etkileyerek doğrudan veya dolaylı olarak insan işlerine müdahale etme yeteneği olan güçlü bir varlık, bir tanrı anlamına gelir. Sıfat olarak ise kami, "kutsal"a yakın bir anlama gelir. Hayvanlar ve insanlar da dâhil olmak üzere çeşitli canlı varlıkların değişen de-

düşünülmüştür. Ölülerin ruhları da bu türdendi. Japonların büyük bir kısmı atalarının yaşadığı gibi yaşamıştır. Genellikle kalelerin etrafında kümelenmiş kasabalar, kırsal alana dağılmıştır. İzole olmuş bu nüfuslar, kendi mitlerini ve ritüellerini yaratmıştır. Her bölgenin, kendi yaşam tarzlarıyla ilişkili kendi mitleri vardır. Bu mitler; bazen keşişler, hacılar, denizciler ve gezginler aracılığıyla bir topluluktan diğerine aktarılmıştır. Bunlardan bazıları ulusal mitler hâline gelir (Ashkenazi, 2003). Mitolojide, Japon halkının kökeninin belirsiz olduğu vurgulansa da genel olarak şu anda Hokkaido'da yaşayan Ainu[64] adında yerliler olduğu kabul edilmektedir. Bu yerliler mit ve hikâyelerde genellikle medeni olmadıkları şeklinde anılırlar. Asya anakarasından gelmesi muhtemel istilacılar bu yerlileri kuzeye sürmüştür (Piggott, 1982: 13).

---

recelerde sahip olduğu gizemli ve yüce bir niteliktir. Kami (sıfat) saflıkla yakından ilişkilidir. Kendini veya başkalarını kötülemek kişinin kami potansiyelini düşürür. Tersine, çile, saf veya deniz suyunda yıkanma, tuz veya ateş kullanma ve ölü ve kan gibi maddelerden kaçınma yoluyla kendini arındırmak, kişinin kami gücünü artıracaktır. Şinto mitolojik aktörleri, tanrılar genellikle insan karakterine sahiptir. İster tanrı ister insan olsun, tüm aktörler konumlarını korumak için saflığa ihtiyaç duyarlar. İnsanlar, belirli tanrılardan daha saf olabilir ve bu nedenle daha fazla kamiye sahip olabilir (Ashkenazi, 2003: 29).

[64] Japonya'nın dört büyük adasından biri olan ve en kuzeyinde yer alan Hokkaido'da yaşanan Ainular Japon adalarının tarihte bilinen ilk sahipleri olarak kabul ediliyor. 19'uncu yüzyılın başına kadar Japonya genelinde yaşayan halk, "baskı ve sindirme politikasından dolayı" ülkenin kuzeyine göç etmiştir (tr.euronews.com).

İnsanın Yaratılış Miti

Başlangıçta, der Kojiki[65], eşleri olmayan beş tanrı var olur. İlk beşten sonra, bazılarının eşi olan altı tanrı nesli daha ortaya çıkar. Yedincisi, İzanagi ve eşi İzanami adlı bir çifttir. Nihonshoki'de[66], kabaca benzer bir versiyon vardır. İzanagi ve İzanami, ilk var olan kami tarafından dünyayı yaratmak için çağrılır. Tüm kamilerin oy birliğiyle, ikisine "İlahi Mücevherli Mızrak" verilir. Onlara bir denizanası gibi şekilsiz olan yerin sağlamlaştırmaları söylenir. Bunu, "Göksel Yüzen Köprü"nün üzerinde durup sıvıyı onunla karıştırarak yaparlar. Mızrağı ucundan damlacıklar düşer ve Ono-koro adası oluşur. Orayı meskenlerini yapmaya karar verirler. Saraylarını, "Göksel Sütun"un etrafına inşa ederler. İzanagi sola dönerek sütunun etrafında yürür, İzanami ise sağa dönüp aynısını yapar. Zıt yönlerden gelerek birbirleriyle karşılaşırlar. İzanami kendini tutamaz ve "Aman ne güzel delikanlı!" diye seslenir. İzanagi çok sevinir, "Ah, ne güzel bir bakire!" der. İzanami kısa süre sonra kocasına bir çocuk doğurur. Ancak doğan çocuk (Hiruko) çirkindir, bir sülük kadar kemiksiz ve uzuvsuzdur (Nihonshoki'de bu, ilk değil, son çocuktur). Bu

---

[65] En önemli Şinto mitlerinden ve efsanelerinden bazılarını içeren Kojiki, dünyanın ve Japonya'nın İzanagi ve İzanami tarafından yaratılışını, Amaterasu'nun saltanatını ve Japonya imparatorlarının tanrılardan doğuşunu anlatır. Kitap ayrıca dünyada yaşayan kutsal ruhlar olan kamileri çağırmak veya ona dua etmek için kullanılan ritüeller hakkında önemli bilgiler içerir. Pek çok akademisyen, yazıldığı sırada toplum hakkında bilgi edinmek için Kojiki'yi inceler (Roberts, 2010: 70).

[66] Nihongi (Nihonshoki); Erken Şinto yaratılış mitlerini içeren, 720'de yazılmış Japonya tarihidir. Nihongi, Çince karakterlerle yazılmıştır ve bilim adamları, onun Çin fikir ve inançlarından büyük ölçüde etkilendiğine inanmaktadır. Hikâyelerin birçoğu Kojiki'deki hikâyelerle aynı veya çok benzerdir (Roberts, 2010: 88).

nedenle, çocuğu sazdan yapılmış bir kayığa bindirip terk ederler. Bunun üzerine ikisi de Göksel Köprü'den yukarı çıkarak kamilerden tavsiye isterler. Daha yaşlı kamiler onlara sorunun, İzanami'nin İzanagi'den önce doğanın kuralına aykırı olarak selamlaması olduğunu bildirir. Azarlanmış olarak dünyaya dönerler. Bir kez daha sütunun etrafında dönerler. Ancak bu sefer İzanagi önce eşini selamlar ve "Ne hoş bir bakire!" İzanami, de buna uygun bir şekilde cevap verir. Bundan sonra, İzanami, Awaji, Shikoku, Oki, Kyushu, Tsushima ve son olarak en büyüğü olan Honshu adalarını doğurur. Yere, Sekiz Büyük Ada Ülkesi (Oyashima kuni) adını verirler. Bundan sonra İzanami, ana adaları çevreleyen diğer küçük adaları ve denizin, rüzgârın, ağaçların, dağların ana kamilerini peş peşe doğurur (Ashkenazi, 2003; Hyakakawa, 2006; Kawai ve Hori, 1986). Şinto yaratılış mitine göre İzanagi ve İzanami hem kardeş hem de karı kocadır. Onlar, var olan ilk varlıkların yedinci çiftidir (Roberts, 2004: 53). İlahi çift nihayetinde otuz beş tanrı-tanrıçayı ve Japonya'yı oluşturan sekiz takımadayı yaratırlar (Hyakakawa, 2006: 966).

İzanami ve İzanagi
(www.worldhistory.org)

Kojiki'de, İzanami ve İzanagi'nin sülük çocuğu Hiruko bir başarısızlık olarak tasvir edilir. Kolları veya bacakları olmadan doğan Hiruko sazdan yapılan bir kayığa yerleştirilerek ve uzaklaştırılır. Bir anlatıya göre, Hiruko'nun bindirildiği kayık onu sonunda denizlerin ejderha kralının sarayına getirir. Uzun bir zaman sonra balıkçıların tanrısı olarak geri döner. Bir marebito[67] ve tanrı olan Ebisu olarak adlandırılır (Sapunaru Tamas, 2015: 8). Hiruko'nun mitine dair başka bir yorum daha vardır: Nihonshoki'deki bir hikâye, İzanagi ve İzanami'nin çocukları olarak önce Amaterasu ve Tsukiyomi'nin ardından Hiruko ve Susano-Wo'nun doğduğunu ancak Hiruko'nun üç yıl sonra bile ayağa kalkamadığı için terk edildiğini anlatır (Kawai ve Hori. 1986: 75). "Sülük çocuk" terimi muhtemelen çocuğun dik duramamasını veya olmayan uzuvları ima etmektedir. Bu kötü durum çocuğun terk edilmesiyle sonuçlanır ancak daha sonra kültürel tarihin başka bir zamanında yeniden ortaya çıkar (Stevens, 2013: 24).

---

[67] Ziyaretçi tanrılar. Genellikle denizlerin derinliklerinden veya dağların ötesinden gelen gizemli ziyaretçiler, birçok Japon yerel mitinin temelini oluşturur. Bu yabancılara nazik davranılırsa, yemek yedirilir ve ağırlanırsa, önemli hediyeler vermeleri muhtemeldir. Cüce tanrı Sukunabikona, böyle bir marebitodur. Bir diğeri, balıkçıların hamisi olarak kişileştirilmesinde ziyaret eden bir tanrı olarak tapılan Ebisu'dur. Her durumda, bu güçlü varlıklara saygılı davranmaya, onlara yemek sunmaya ve bir süre ziyaret ettikten sonra onları denizin ötesindeki veya dağlardaki orijinal evlerine geri göndermeye büyük önem verilmelidir. Tanrıları ziyaret etme fikri, köylülüğün Japonya tarihi boyunca ve tarihöncesinde sürdürdüğü yaşamların bir yansımasıdır. Küçük, sarp nehir vadilerinde dağ bariyerleriyle izole edilmiş birçok çiftçinin dış dünyayla çok az teması vardı. Japonya'nın yabancılarla ilişkileri, marebito mitinin bir uzantısı olarak görülebilir (Ashkenazi, 2003: 214).

Sülük Çocuk Hiruko
(www.britannica.com)

Hiruko mitiyle bağlantılı olarak, Ebisu genellikle fiziksel anomalilerle (orantısız derecede büyük bir kafa, kısa bir gövde vb.) tasvir edilir. Başka bir versiyonda Ebisu, yabancı kökenlidir. Şansın Yedi Tanrısı'ndan[68] biridir. Bu tanrının da işitme güçlüğü olduğu söylenir. Bu nedenle Ebisu'ya adanan festivalde, törenin başladığını tanrıya bildirmek için sembolik olarak yüksek sesle bir gong çalınır. Edo[69] Dönemi'nde, Ebisu'nun imajı deforme olmuş tanrıdan, ticaretin koruyucu tanrısına dönüşür (Okuya-

---

[68] Budist geleneğinde Şansın Yedi Tanrısı, genellikle mutluluk ve iyi şansın sembolleri olarak görülürler. Daikoku, bir Budist tanrıdır. Jurojin, yaşlılık tanrısıdır. Beyaz bir geyiğe biner ve genellikle ona bir kaplumbağa eşlik eder. Hotei mutluluk ve kahkaha tanrısıdır. Koca göbeği olan şişman bir adam olarak tasvir edilen Hotei, elinde bez bir çanta taşır. Çantanın içinde çocuklar ve diğer değerli şeyler vardır. Fukurokuju, bilgelik ve uzun ömür tanrısıdır. Ebisu ve Bishamon, Şansın Yedi Tanrısı arasındadır. Benten, Yedi Mutluluk Tanrısı arasındaki tek kadın tanrıdır (Roberts, 2004).

[69] Edo dönemi, Tokugawa ailesinin Japonya'yı yönettiği 1603'ten 1868'e kadar olan yılları ifade eder. Çağ, adını hükûmetinin bulunduğu günümüz Tokyo'su olan Edo şehrinden almıştır. Bazen erken modern dönem olarak da anılır, çünkü bu dönemde modern Japon toplumunun birçok özelliği oluşmuştur (worldhistory.org).

ma, 2017). Artık iyi talihin kamisi olarak Ebisu, tüccarların servet edinmesine yardımcı olur. Bazen balinalarla özdeşleştirilir. Çünkü onlar da cömertlik getiren bir mevsimde gelirler ve sonra tekrar denizin derinliklerine doğru yola çıkarlar (Ashkenazi, 2003: 142). Ebisu, günümüz Japonya'sında iş veya aile refahını temsil etmektedir (Okuyama, 2017). Japonya'daki hediyelik dükkânlar her türden okyanus eseriyle doludur, bunlardan en yaygın olanları yedi şans tanrısı resimleridir. Özellikle bunlardan biri olan Ebisu, "yabancı diyarlardan mutluluk getiren" tanrı olarak anılır (Tada, 1988: 43).

Şansın Yedi Tanrısından Biri Ebisu
(www.symbolsage.com)

Genellikle denizlerin derinliklerinden veya dağların ötesinden gelen gizemli ziyaretçiler olan marebitolar, birçok Japon yerel mitinin temelini oluşturur. Cüce kami Sukunabikona da bir marebitodur. Yerin yaratılmasında, Şinto Büyü ve Tıp tanrısı Okuninushi'ye yardım eden bu tanrı, toprağı sağlamlaştırmak için Okuninushi ile gücünü birleştirir. Nihonshoki'ye göre, bu iki tanrı daha sonra dünyanın inşasını tamamlar. İnsanlar ve hayvanların hastalıklarını iyileştirmek için ilaçlar verir. Buna, çeşitli türden felaketleri ortadan kaldırmak için büyüler de dâhildir. Sukunabikona, Okuninushi ile birlikte sihir ve büyücülük ustasıdır. Sukunabikona'nın bazen sülük çocuğu Hiruko olduğu ve dolayısıyla Ebisu da olduğu dikkate alınmıştır. Her halükarda, Sukunabikona'nın en önemli özelliği mükemmel bir marebito olmasıdır. Ziyaret eder, büyülü hediyeler verir, inşaat işlerine yardım eder, sonra kendi ülkesine doğru yola çıkar. Diğer marebitolar gibi -özellikle Ebisu ve Hiruko- hem deforme olmuş hem de güçlüdür (Ashkenazi, 2003: 256-257). Engelliliğin sürekli olarak iyilikle eşleştirilmesi dikkat çekmektedir. Engelliler ancak istenilen davranışları gerçekleştirdiklerinde kabul edilecekler gibi bir anlayışı dile getirmektedir. Hiruko'nun dönüşü ancak Ebisu olarak mümkün olmuştur. Dolayısıyla engellilerin toplumsal kabulü koşullara bağlanmıştır.

Başka bir mite göre Hiruko, bazı balıkçıların onu neredeyse donmuş hâlde bulduğu bir tapınağın yakınındaki kıyılara sürüklenir. Yetişkin "sülük çocuk" karşısına çıkan balıkçıya şunları söyler: "Ben uzun zaman öncesinin Sülük Çocuk'uyum. Şimdiye kadar bana ibadet edilecek bir tapınak olmadan dalgaların üzerinde yüzüyordum. Nishinomi[70] kentinin yakınlarındaki kıyıda bana bir tapınak inşa et." Tapınakla ilgilenen rahip öldükten sonra, Sülük Çocuk'un kendisine hizmet edecek kimsesi kalmamış ve bu nedenle huzursuz ve öfkeli olmuş, karada ve denizde sayısız felakete neden olmuştur. Tanrı Hyakudayu[71] bu felaketleri öğrenir ve ölen rahibe benzer bir kukla yapar. Böylece sadık hizmetkârının geri dönmesinden memnun olan "çocuk tanrı" sorun çıkarmayı bırakır. Bu mit kuklaların kullanıldığı tanrı yatıştırma ayinlerinin kökenidir (akt. Stevens, 2013: 26). Sapunaru Tamas (2015: 8) Hiruko'nun donmasıyla ilgili başka bir mit üstünde durur. Bu mite doğrultusunda donan Hiruko'yu ısıtmak için, günümüzde büyük bir şenlik ateşi ile temsil edilen bir ritüel mevcuttur. Ritüel, 14 Aralık akşamı hâlâ canlandırılıyordur. Ritüelin kendisi nispeten kısadır; kutlamanın büyük bir kısmı yüksek alevleri izlemekle geçer, ataların ateşin ezici güçlerine karşı duyduğu huşu ve korku geçici olarak hatırlanır. Yanan kütükler kızgın kömüre dönüştüğünde sadece beyaz pamuklu pantolonlar ve kemerler giyen adamlar Hiruko'yu ateşin üzerinden üç kez taşırlar.

---

[70] Japonya'nın önemli bir ticaret ve gemicilik merkezidir.

[71] Halk inancında bir tanrıdır. Tanrıya kukla oyuncuları tapar. Genellikle bir erkek tanrı olarak kabul edilir ve ona birçok kavisli ahşap heykelle tapınılır. Ayrıca gezginlerin koruyucu tanrısı olarak da bilinir (japanese-wiki-corpus.org).

Sülük Çocuk Hiruko Mitinin Analizi

Stevens (2013: 25-26) Japonya'da doğuştan ya da sonradan ortaya çıkan bir engelliliğin, kader ve karmaya kadar, bir tür lanet ya da ceza olarak varsayıldığını ileri sürer. Ancak bazen farklı bir bakış açısı ile engelliler, ailedeki diğer kişiler için tüm kötü şeyleri gidermek için bir "nimet" olarak da değerlendirilmiştir. Bunu destekler boyutta Ebisu, "kutsama" ve "uzun ömür" anlamına gelen alfabe karakterleriyle yazılıyor; neşeli ve hoş bir tanrı olarak tasvir ediliyor. Aynı zamanda bu tanrının nitelikleri masum ve çocuksu olarak tanımlanan zihinsel engelli insanların niteliklerinden de çok farklı değildir. Stevens ayrıca, Sülük Çocuk'un terk edilmesi, modern öncesi Japonya'daki sosyal refah stratejisinin bir parçası olarak düşünülebileceğini ifade eder. Ama bu terk etme, hem intikam korkusu hem de içten pişmanlık ile sonuçlanır. Bu fikir, Japonya'daki insanların kamilerin (tanrıların) kutsamasına ihtiyaç duyduğuna ve aksi takdirde dünyevi korkunç sonuçları olabileceğine dair genel inancı yansıtır. İnsanlar, doğaya uğurlu bir şekilde hükmeden kamileri umursar, her zaman felakete neden olabilecek dikkatsizlik veya yanlış eylemlere dikkat eder.

Söz konusu mit, bir çocuğun düzgün bir şekilde doğması için kur yapma sırasında önce erkeğin konuşması gerektiğini vurgular. Roberts (2004: 54) göre bu bize mitin yaratıldığı zamanki evlilik gelenekleri hakkında bir şeyler söyleyebilir. Aynı zamanda bize kadınların statüsü hakkında da bilgi verebilir.

Durum anaerkil bir toplumdan ataerkil bir topluma geçişe atıf olarak değerlendirilebilir (Roberts, 2004: 54). Bununla birlikte, Henshall (1999: 8-9) Japonya'da çok erken zamanlarda kadının statüsü çok düşük görünmediğine dikkat çeker. O günlerde kadınların şamanlar, reisler ve imparatoriçeler olarak hatırı sayılır bir yetki ve güce sahip oldukları bilinir. Siyaset, din, sanat ve hatta askeri gibi çeşitli alanlarda kendilerine saygı duyulur. Çoğu ulusun antik ve erken tarihinde çok sayıda efsanevi kadın figürü olmuştur. İlk olarak yedinci yüzyılın sonlarında yazılan, Japon mitolojisindeki en üstün Şinto tanrısı Güneş Tanrıçası Amaterasu'dur. Japonya, güneşi bir kadın olarak temsil eden çok az kültürden biridir.

Aile, bir engelin varlığıyla kutsanmış mı yoksa lanetlenmiş midir? Okuyama (2017), bu ikilem hakkında şunları dile getirmektedir. Miti okumanın başka bir yolu, ailelerin servetleri yeterli tıbbi bakıma erişmesine ve mutlu bir aile hayatı elde etmesine izin verdiği sürece engelliliğe müsamaha gösterilebileceğidir. Bazı insanlar mali durumlarını, bilgilerini ve diğer kaynaklarını kullanma konusunda diğerlerinden daha iyi bir konumda olabilir. Nimet-engellilik metaforunu okumanın başka bir yolu, kişinin engeline bağlı olarak varlığından ödün vermeden bir hayat sürdürebileceğidir. Elbette hayat bir mitten çok daha karmaşıktır. Engellilik bir talihsizlik olarak değerlendirilmesi, bireye bakmanın ağırlığı aileyi ezebilir. İlahi bir şey olarak kabul edilirse ailenin mutluluk için çabalamasına ve zor zamanlarda başarılı olmasına yardımcı olabilir. Okuyama, Hiruko'nun Şinto mitinde, bebeğin engeli "uygunsuz" evliliği, daha doğrusu önce annenin kocasına seslenmesindeki "akılsızlığını" açıklamak için olduğunu belirtir. Bu mit Japonya'da yüzyıllardır anlatılmakta olup ötekiliğin algılanan görünüş ve yetenek normları tarafından nasıl belirlendiğini ve emek verimliliğine veya ticari başarıya bağlı olduğunu göstermektedir.

Sapunaru Tamas (2015: 9) Hiruko'nun varlığının başka bir konuya daha işaret ettiğini belirtir. Günümüzde ateş üstünden atlama, insan vücudunu etkileyen tüm kötülüklerin ve hastalıkların yakıldığına inanıldığı ve ritüeli tamamlayabilenlerin hastalık ve kötü şansa karşı bir tür sihirli bağışıklık kazandığına inanıldığı için bir arınma eylemi olarak görülür. Hiruko, kaderinde büyük işler başarmak olan, Yanagita Kunio'nun[72] tabirini ödünç alırsak "küçük bireyi" temsil eder.

Toplumların çoğunun kültürel ve dinsel geleneklerinde engellilik olgusuna dair çeşitli tutum ve değerlendirmeler mevcut olmuştur. Bu bağlamda Japonların engellilikle ilgili anlayışlarının temelinde Budizm, Konfüçyanizm ve Şintoizm gibi dinsel geleneklerin etkisi bulunmaktadır. Bu etkiler neticesinde engellilik bireyin ebeveynlerinin işledikleri günahlara karşılık verilen ceza olarak değerlendirilmiştir. Şinto metinlerinde bir çocuğun

[72] Yanagita Kunio (1875-1962), Japon folklor çalışmalarının kurucusudur. Aynı zamanda gazeteci ve bürokrat olarak da çalışan bir akademisyen ve şair olan Yanagita'nın kapsamlı araştırmaları ve yazıları, Japonya'daki diğer folklor araştırmaları için önemli bir çerçeve oluşturmuştur (japanpitt.pitt.edu).

engelli olarak dünyaya gelmesine anne ya da babasının günahının sebep olduğuna ilişkin işaretler mevcuttur. Böylece engelliler daha geri planda kalmış hatta sosyal ve dinsel hayattan dışlanmalarına sebep olmuştur. Bu durum, kuşkusuz engelli olmaya ilişkin çeşitli korku ve kaygıların doğmasına kaynaklık etmiştir. İnsanlar, engelli olmamak ya da engelli çocuk doğurmamak, uğursuzluklardan ve kötü güçlerden korunmak için çeşitli muskalar taşımışlardır. Bu anlayış, Awaji[73] mitinde görüldüğü gibi kamilerin hoşnut tutulmaması durumunda dünyevi korkunç olayların ortaya çıkabileceği şeklindeki geleneksel Japon inancını yansıtmaktadır (Turan ve Battal, 2017: 15).

Japon akrabalık ve aile sistemi, diğer birçok toplumdaki ailelerden bazı bakımlardan farklıdır. Her şeyden önce, önemli unsur hanedir ve üyelerinin en önde gelen geleneksel sorumluluğu, onu ebediyen sürdürmektir. Normalde, bir hane evli bir çift ve onların evli olmayan çocuklarından oluşur. Kamiler ve doğmamış nesiller de hanenin üyeleridir. Yaşayan üyelerin, bu maddi olmayan kategorilerinin her ikisine karşı sorumlulukları vardır (Ashkenazi, 2003: 25).

Mitolojiye göre Japonya'da doğan ilk çocuk, engelli olarak doğduğu için terk edilmiştir. Bu, yeni ulus için hayırlı bir başlan-

---

[73] Bu, Kojiki'nin açılışını süsleyen Kuniumi mitidir (Japonya'nın Yaratılış Miti). Kojiki'ye göre, orada, İzanagi ve İzanami kutsal mızrakla yeni yaratılan kaotik kütleyi çalkaladılar, uçtan tuzlu damlalar damladı ve ardından Onokorojima Adası'nı oluşturmak için katılaştılar. İzanagi ve İzanami Japon adalarını karı koca olarak birer birer doğurdu. Oluşturulan bu adalardan ilki Awaji idi (en.kuniumi-awaji.jp).

gıç değildir. O zamandan beri, Japonya'da engelli kişi sadece kusurlu olarak görülmemiş, aynı zamanda bir sosyal ve ruhsal açıdan ve özellikle engelli doğduysa bir tür lanet olarak görülmüştür. Pratik hayatta topluma katkıda bulunmayanlar, bir yük olarak kabul edilmiştir. Engelli oluşları ciddi bir hastalıktan kaynaklananlar, ek olarak hastalık damgasından da muzdariptirler. Bir kaza veya talihsizliğin kurbanları söz konusu olduğunda bile toplum genelinde onlara yönelik tutumlar olumlu olmamıştır. Her zaman aktif olarak dışlanmasalar da engelliler yakın zamanlara kadar göz ardı edilmişlerdir. Onların varlığı toplumun fazla düşünmek istemediği bir şeydir (akt. Henshall, 1999: 99).

Japon mitinin yapısını, erkek ve kadın ilke arasındaki çatışma açısından ele alındığında, Kawai ve Hori (1986: 75-76) birinin diğerine asla tam bir hâkimiyet kurmadığını, hâkim görünse bile, diğerinin bu hâkimiyetini hızla dengeleme potansiyeli olduğunu ileri sürerler. Tek taraflı üstünlüğün reddi, muhtemelen Japonların bir özelliği olan zayıflara karşı sempatinin prototipi hâline gelir. Buna karşın İzanagi ile İzanami arasındaki evlilik hikâyesinin bir yandan erkek tarafından ilk sözün söylenmesinin uygun görülmesiyle erkek egemenliğini ima ediyor görünebilir.

Ashkenazi (2003: 176) erken Japonya'da kadınların siyasi ve sosyal açıdan öneminin, Japonların Konfüçyüsçü Çin etkisi altına girmesiyle kötü bir şekilde aşındığı vurgular. Konfüçyüsçü sistemde kadınların topluma dâhil edilmesi söz konusu değildir.

Buna karşılık, Japon adalarındaki kültürlerin tümü, erkekler ve kadınlar arasında karşılıklı sorumluluk ve daha fazla siyasi eşitlik varsayan eski fikirlere sahiptir. Kadınların aşağı statüde olduğunun belirtileri, Hiruko'nun biçimsiz doğumunun açıklaması ve İzanami'nin kirli ölüler diyarına sürülmesinin açıklaması daha çok erkek egemen yapının etkileri gibi görünür. Ashkenazi'ye göre bu da Şinto dinî fikirlerinin temeli olan saf ve saf olmayan arasındaki gerilimle ilgilidir. Yaşam ve ölüm, saflık ve kirlilik, erkekler ve kadınlar arasındaki bu ideolojik gerilimler, sonraki yüzyıllarda Japonya'nın ideolojisinin çoğunun temelini oluşturacaktır. İzanagi ve İzanami mitinin de Avrasya kıtasında benzerleri vardır. Spesifik temaların birçoğu (yeraltı dünyasını ziyaret) Avrupa mitlerinde de görülmektedir. Diğer temalar -kurucu erkek kardeş çifti, vücut parçalarından tanrıların doğuşu- Güneydoğu Asya'da bulunabilir. Bu benzerlikler nüfus hareketliliğiyle ilgili olabilir veya insan düşüncesindeki evrensel arketiplerin varlığının bir sonucu olabilir: "Büyük beyinler benzer düşünür"ün mitsel bir versiyonudur.

Fuji Dağı[74] Japonya'daki en yüksek dağdır ve genellikle bir kadın olduğuna inanılır. Bir zamanlar bir erkek olan Haku Dağı'nın daha yüksek olduğu söylenir. Ancak bunu kabullenmeyen

---

[74] Fuji Dağı (Fujisan) Japonya'daki en yüksek dağdır. Karla kaplı zirvesi ile şehrin sembolüdür. Yanardağ, Şinto dininde, kutsal bir kami ya da kutsal ruh olarak görülür. Dağın yamaçlarına tırmanmak bu inanca sahip kişiler için bir hac eylemi olarak kabul edilir. Dağ aynı zamanda birkaç önemli tapınak, mağara, su kaynağı ve şelaleye sahiptir. 2013 yılı itibarıyla UNESCO Dünya Mirası Listesi'nde yer almıştır (worldhistory.org).

Fuji, Haku'nun kafasına vurur. Kafasını sekiz parçaya ayırarak boyunu kısaltır. Bu hikâye, ülkedeki diğer dağlar için de anlatılır (Piggott, 1982: 13).

Akbay (2014: 87) Japon mitolojisinde tanrıçaların önemli rolleri üstünde durmaktadır. Bu mitolojinin en temel kaynağı olan Kojiki'de kadın kamiler arasında öncelikle İzanami, Amaterasu ve Suseribime dikkat çekmektedir. İzanami, İzanagi ile yeryüzüne iner ve hayatı başlatır. Japon adalarını ve çeşitli kamilere hayat verir. Hatta İzanami ateş kamisini yaratırken ölür. Onun "doğurganlık", "annelik" gibi özellikleri kendinde barındırırken öldükten sonra acımasız bir yaratığa dönüşme metaforu, antik Japon toplumunda ölüler dünyasının karanlık ve korkunç imajı ile ilişkilendirilmektedir. Güneş kamisi Amaterasu, günümüzde Şinto inanışı içerisinde Japon halkının koruyucu kamisi olarak kabul görmektedir. Bereket, yaşam, güç, cesaret, savaşçılık, beceriklilik gibi niteliklere sahiptir. Japon mitolojisinde, böylesine yüksek bir konumun bir kadın kamiye verilmiş olması önem arz etmektedir. Yine mütevazı bir kami olan Suseribime, bilhassa iyi bir eş olarak kabul edilir. Büyük bir aşkla kocası Susano-Wo'yu, babası İzanagi'ye karşı savunur. Bu davranışlarıyla, Japon mitolojisinde "ideal eş" temsili olarak değerlendirilebilir.

Japon mitolojisinde engelliliğin varlığı, öncelikle insanların işledikleri günahlarla ilişkilendirilmiştir. İlgili mitte olduğu gibi, İzanami hata yaptığı için Hiruko engelli doğar. Bununla beraber engellik ile kadının suçlanması da bu mitin okumalarından biridir. Bu konuya ilişkin literatüre az da olsa yukarıda değinilmiştir. Yine engelliliğin tanrısal bir ceza olduğu, karma ve kaderle de ilişkilendirildiği anlaşılmaktadır. Bu mitolojiye etki eden dinlerin varlığını da işaret edebilir. Bunlara karşın Hiruko'nun topluma Ebisu olarak kabul edilmesi, engellilerin hayatlarında gerçekleştireceği olumlu davranışlar ve üretkenlikle ilişkili olduğu belirtilebilir.

6. İSKANDİNAV MİTOLOJİSİNİN ENGELLİ TANRILARI

İskandinavlar; Norveç, İsveç, Danimarka, İzlanda ve Faroe Adaları halkı olarak bilinir. Muhtemelen Tunç Çağı'nda (MÖ 1600-450) kök salmaya başlamış olan İskandinav kültürü, Vikinglerin dramatik keşiflerinden çok önce ortaya çıkmıştır. İskandinavlar mükemmel gemi yapımcıları ve denizciler, cesur kâşifler, güçlü aile ve klan sadakati duygusuna sahip insanlardır. Bu güçlü ve hayat dolu insanların mitolojisi de zengin, canlı ve zekicedir. Bazı araştırmacılara göre İskandinav mitolojisi Asya'da ortaya çıkar. Avrupa topraklarında değiştirilir ve sonunda üçüncü ile altıncı yüzyıllarda göç eden Cermen kabileleri tarafından kuzeye taşınır. Bu gezici kabileler arasında Angles ve Saksonlar, Gotlar, Vizigotlar ve Ostrogotlar, Alemanni, Vandallar, Franklar vd. vardır. Göç eden kavimler bu coğrafyaya yerleştikçe beraberlerinde getirdikleri hikâyeler, yerel iklime ve halkın mizacına göre değişmeye başlamıştır. Bu mitolojide birincil tanrılar Odin, Thor, Loki, Balder, Njord, Frey, Tyr ve Heimdall'dır. Frigg, Freya, Idunn, Norns, Valkyries adlı tanrıçalar İskandinav mitlerinde daha az rol oynarlar (Daly, 2010).

İskandinav mitolojisinde yaratılış miti, iki kozmik bölge olan Niflheim'ın donmuş dünyası ve İzlanda'nın kaynayan gayzerlerini hatırlatan Muspell'in sıcak diyarı arasındaki sınır bölgesinde başlar. Bu iki bölgenin etkileşiminden ilkel bir varlık olan buz devi Ymir doğar. Ancak dev Ymir öldürülür. Bedeni üç yaratıcı tanrı (Odin, Vili ve Ve) tarafından, dünyaya dönüştürülür. İskandinavların bu yaratıcı tanrıları, nesnelere biçim verme ve canlılara yaşam üfleme gücüne sahiptirler. Bu yetenek kozmosta yeni ırklar yaratmalarına izin verir. Örneğin, ilk dev Ymir'in etinden doğan cüceleri zeki insansılara dönüştürürler. Daha da önemlisi bir çift kütüğe hayat vererek ilk kadın ve ilk erkek olan Ask ve Embla'yı yaratmalarıdır (Wilkinson ve Philip: 2007: 114-115).

Tek Gözlü Odin: Bilgelik İçin Feda Edilen Göz

Odin bilgelik, büyü, şiir, savaş ve ölüm tanrısıdır. Ona tanrıların babası (Allfather) da denir (Daly 2010: 77). Aesir'in[75] baş tanrısı Odin, gözünü bilgeliğe ulaşmak için feda eder. Odin'in Hugin (düşünce) ve Munin (hafıza) adında omuzlarına konan iki kuzgunu vardır. Odin, Bilgelik Kuyusu'nu ilk kez bu kuzgunlardan duyar. Bunlar her gün uçup, evrende olup bitenler hakkında ona haber getirirler. Bu nedenle Odin'e kuzgunların tanrısı da denir (Mercatante ve Dow, 2009: 730).

---

[75] Asgard'da yaşayan savaşçı tanrılar.

Odin, Bilgelik Kuyusu'nda tanrılarının düşmanı bir dev olan Mimer ile karşılaşır. Mimer kuyunun bekçisidir ve her gün kuyudan içerek büyük bir bilgelik elde etmiştir. Odin, kuyudan su içerek bilgelik elde etmek için çaresizce devin isteyebileceği her şeyi vereceğini taahhüt eder. Mimer, Odin'in gözünü talep eder ve Odin istenilen bedeli kabul eder (Tasneem, Singh ve Harminder, 2011: 1651).

Tek Gözlü Tanrı Odin
(www.tr.wikipedia.org).

Odin, dünyanın yaratılışı ve yok edilişi ile ilgili mitlerde merkezî bir rol sahibidir. O tanrılar için cenneti, insanlar ve cüceler için orta dünyayı ve ölüler için yeraltı dünyasını düzenler. Onun kendi görünüşünü değiştirme gücü vardır. Bu şekil değiştirme, Odin'in şiirle bağlantısını açıklayan bir mitte rol oynar. Mite göre yaşamış en bilge varlık, tanrıların kendi tükürüklerinden oluşturdukları Kvasir'dir. Cüceler, Kvasir'i öldürürler ve kanını balla karıştırarak bilgelik ve şiir ilhamı veren bir iksir yaparlar. Bir dev, iksiri bir dağın ortasına saklar ve kızını onu koruması için görevlendirir. Odin kendini bir yılana dönüştürüp dağdaki küçük bir delikten girer. Yakışıklı bir devin kılığına girerek kızı büyüler ve iksiri içmeye izin alır. Odin onu yuttuktan sonra bir kartala dönüşür ve iksiri üç kutsal fıçıya kustuğu Asgard'a[76] uçar. Uçuşu sırasında iksirin birkaç damlası yeryüzüne düşer ve şairlere ilham kaynağı olur (Parks 2009: 769-770). Başka bir mitte, Odin büyülü mızrağıyla kendini yaralar ve bu hâlde dünyayı dengede tutan devasa ağaç Yggdrasill'din dallarında, yaşayan bir ölü olarak dokuz gün ve gece asılı olarak kalır. Bu fedakârlık ile yazı yazmak ve falcılık için kullanılan İskandinav sembolleri hakkında bilgi elde eder. Odin'e tapınma, Vikingler çağında güç kazanır. Bu İskandinav savaşçıları Odin'i özel koruyucu tanrıları olarak görürler. Odin'in artan popülaritesi, İskandinav halkı arasında savaşçı davranışlardaki artışı da yansıtır. Odin'in onuruna yapılan törenlerde bazen mızrakla veya ateşle insan kurban etme bulunur. Ritüel olarak kendini

[76] Aesir tanrılarının krallığına verilen addır. Odin, dokuz dünyanın en üst seviyesi olan Asgard'a başkanlık eder. Burada tanrı ve tanrıçaların her birinin sarayları vardır (Daly, 2010: 5).

ağaca asma, Yggdrasill ağacına kendini asması nedeniyle bazen darağacının efendisi olarak anılan Odin'e tapınmada özellikle önemlidir (Parks 2009: 770-771).

Parks (2009: 771) Odin mitlerinde bulunan ana temalardan birinin fedakârlık olduğunun belirtir. Odin'in feda ettiği eksik gözü, normal görüşün ötesini görme yeteneğinin bir sembolü olarak görülebilir. Bu mitlerde bulunan bir başka tema da kaderden kaçamamadır. Gelecekteki olayların önceden belirlenmiş olduğu ve değiştirilemeyeceği düşüncesi vardır. Odin geleceği görme yeteneği kazanır. Kendisinin ve Aesir'in diğer tanrılarının Ragnarok'ta[77] öleceğini bilir ancak yapabileceği hiçbir şey bu kaderi değiştiremez.

Odin tek gözlü olması nedeniyle tanrılar topluluğunun dışında değildir. O yüce tanrıdır, bilgedir. Odin'in sahip olduğu gözü güçlüdür. Dolayısıyla Odin'in kayıp gözü, su ve yer altı dişil âlemle bağlantısını, kalan gözü eril âlemle bağlantıyı sembolize ederken, tek gözlülük Odin'in yenilmez, yüce tanrı olarak tartışılmaz konumunun da bir sembolüdür (Lassen, 2000: 225). Tasneem, Singh ve Harminder (2011: 1651) bir gözün değerini ölçmenin imkânsız olduğunun altını çizerler. Ama insan için değeri, aralarında sosyal, dinî ve ekonomik perspektiflerin egemen ol-

[77] İyinin tarafında Odin'in, kötünün tarafında Loki'nin başını çektiği tanrılar arasındaki son savaştır. Vicrid adlı ovada gerçekleşir. Ay kurtlar tarafından yutulur, yıldızlar kaybolur, okyanus kaynar ve Surt dünyayı ateşe verir, böylece her şey küle döner. Ancak Balder ve Hodur yeraltı dünyasından ayağa kalkar. Vli, Vidar, Modi, Mmagni ve diğerleri, yenilenmiş bir dünyada yaşamak için hayatta kalır. Bir insan çifti olan Lif ve Liftrahasir de hayatta kalır ve yeniden çoğalmaya başlar (Daly, 2010: 82).

duğu çeşitli değerlendirmelere tabidir. Örneğin göze saplanan bir ok, 1066'da Kral II. Harold'ın tahtına mal olur ve bu İngiliz tarihinde çok önemli bir dönüm noktasına tekabül eder.

Kör Tanrı Hod

Tanrı Hod, Odin'in kör oğlu ve Baldr'ın katilidir. Baldr, gördüğü kötü rüyalara karşılık ölümsüz kılınmıştır. Biri hariç tüm varlıklar Baldr'a zarar vermeyecekleri hususunda yemin ederler. Tüm tanrılar Baldr'a silahlar fırlatarak ölümsüzlüğü konusunda onu onurlandırmaktadır. Loki, ökse otunun Baldr'a zarar vermemek için yemin etmediğini öğrenir ve ondan bir mızrak yapar (Lindow, 2002). Hod, kör olduğu için silahlar atanların dışında durmaktadır. Sonra Loki, Baldr'in kör kardeşi Hod'a yaklaşır ve neden herkes gibi Baldr'a bir şeyler fırlatmadığını sorar. Hod, Baldr'i göremediğini ve ayrıca atacak hiçbir şeyi olmadığını söyler. Loki daha sonra Hod'a ökse otundan yaptığı oku verir ve onu fırlatırken Hod'a yol göstermeyi teklif eder. Hod'un attığı ok Baldr'a isabet eder ve onu anında öldürür. Tanrılar şok olur ve ne yapacaklarını bilemez. Tanrıça Frigg birilerinin ölüler diyarına gitmesini ve oğlunu fidye verip geri getirmeleri için yalvarır (Parks, 2009: 164). Odin başvurduğu kâhine Baldr'ın intikamını kimin alacağını sorar. Kâhin kadın, tanrıların Loki'den nasıl intikam aldıklarını ama Hod'a karşı nasıl sessiz kaldıkları hakkında bilgi verir (Lindow, 2002).

Baldr öldüğünde, tüm tanrıların dili tutulur, ancak sonuçları en iyi anlayan Odin'dir (Lindow, 2002: 247). Çünkü Odin bu ölümün insan ırkının yok olacağı anlamına geldiğini bilmektedir. Tanrı Baldr iyiliğin ve güzelliğin kaynağıdır. Ölümüyle beraber dünyada insanlar birbirlerine zarar vermeye ve dünyanın dengesi bozulmaya başlar, ağaçlar yerinde sökülür ve dağlar olduğu yere çöker. Midgard yılanı karaya çıkar ve büyük dalgalar oluşturur. Tanrıların zincire vurduğu korkunç kurt Fenrir zincirlerini kırıp devlerle birlikte Asgard'a saldırır. Savaş borazanı dünyanın her tarafında duyulur ve tanrılar dâhil tüm canlılar bu savaşa katılır (Akyıldız Ercan, 2014: 131).

Hod, engelliliği nedeniyle yaşamın kenarına itilmiştir. Mitin bazı versiyonlarında değişken bir figür olan Loki, Hod'un körlüğünden yararlanır ve tanrı Baldr'ı öldürmesi için onu yönlendirir. Loki'nin bu temsili, Hıristiyanlıktaki şeytanla ilişkilendirilebilir. Hod'un körlüğü, Loki tarafından Aesir toplumunu bozmak için kullanılır. İntikam, mitolojik anlatıya dâhil edildiğinde, bu mitsel toplumdaki kırılmalar ve değişimler, on üçüncü yüzyıl İzlanda'sında görülen sosyal değişimleri yansıtır. Hod'un mit içindeki daha görünür bir şekilde merkezî bir rolden marjlara kaydırılmasının, suçlu pratiğinin kamusal alandan özel alana kaydırılması olarak değerlendirilebilir. Hod'un körlüğü, sosyal ve dinî düzeni bozarak tanrısal Aesir toplumunu yeniden kurar. Kör adam, sosyal ve dinî tutumlardaki değişimin bir göstergesine dönüştürülür. İskandinav panteonunda küçük bir tanrı olarak görülse de Hod, gerçekten de Baldr mitinde önemli bir figürdür. Hod'un İskandinav eskatolojisindeki[78] konumunun çok yönlü doğası, XIII. yüzyıl İzlanda toplumunda bulunan dinî ve politik gerilimleri sentezler. Hod'un körlüğünün farklı temsilleri, sosyal ve kültürel tutumlardaki değişimleri kapsar ve Ragnarok'tan sonra geri dönen masumlardan biri olarak yenidünyada yer alır. Onun eskatolojik işlevi artık intikam ve ölüm değil, kefaret ve yeni yaşamdır (Choe, 2021).

Loki, Baldr'ı vurması için Hod'u kandırır
(www.en.wikipedia.org)

[78] Kıyamet, hayatın sonu, öte dünya gibi sorunlarla ilgili olan.

Tek gözlü Odin her şeyden önce bilgedir. Bununla birlikte, Hod'un körlüğü herhangi bir doğaüstü güce işaret ediyor gibi görünmez. Hod'u yalnızca Baldr'ın ölümü mitinden biliriz. Baldr'ın ölümü, olayları Ragnarok'a götüren trajik bir olaydır. Hod'un körlüğü, fiziksel zayıflığının değil, suçunun ön koşulu olan ahlaki körlüğünün işaretidir. Baldr mitinin bir versiyonunda, cinayeti yöneten Loki'dir. Loki kötü niyetle hareket eder ve Hod'un düşünmeden bu kötü niyet tarafından kullanılmasına izin vermesi, Hod'un ahlaki yetersizliğini gösterir. Hod, oku kardeşine doğrulttuğu gerçeğine kördür. Kardeşlik duygularına karşı ve ailenin temel ilkesine kördür. Sembolik olarak Hod, uzakta iken ilahi topluluğun dışında durur. Sonunda kendisine tanrıların ortak oyununa katılma fırsatı verildiğinde bunun ölümcül sonuçları olur. Kendi kardeşini öldürerek topluluğa girme olasılığını yok eder çünkü kardeş katli en kutsal ilkeyi ihlal eder. Bu, tanrıların dünyasını yıkıma götürür. Kaos güçleri için kolay bir av olan Hod, dünyanın mahvolmasına neden olur (Lassen, 2000: 223).

Bilgelik İsteyen Tanrı Heimdall

Bilgelik isteyen başka bir tanrı Heimdall ise gözeten ve koruyan Aesir tanrısıdır. Uzun boylu, yakışıklı ve göz kamaştırıcı bir gülümsemeye sahiptir (Daly, 2010: 46). Odin'in gözünü kuyuya adadığı gibi Heimdall, özel işitme güçleri elde etmek için bir kulağını Yggdrasil'in tabanındaki kuyuya verir. Odin ile birkaç başka benzerlik göstermesine rağmen Heimdall, ara sıra bilgelik ve geleceği iyi görebilmesiyle anılır (Lindow, 2002: 170). Heimdall'ın işitme duyusu o kadar keskin ve ince hâle gelir ki toprağın altından çıkan otları ve bir koyunun sırtında büyüyen yünün gelişimini duyabilir. Onun, o kadar az uykuya ihtiyacı vardır ki her zaman uyanık ve tetikteymiş gibi görünür. Heimdall'ın başka inanılmaz yetenekleri de vardır. Görme yetisi o kadar keskindir ki yüz mil uzaktan etrafındaki her şeyi görebilir (Daly, 2010: 46-47).

Tek Kollu Tyr

Savaş ve gök tanrısı olan Tyr, tanrıların en cesurudur. Adalet ve anlaşmalarla ilgilenir. Bir zamanlar Tyr'ın Odin'den bile daha önemli olduğu düşünülür. Bazı mitlerde, dev Hymir'in oğlu, bazılarında ise Odin'in oğludur (Daly, 2010: 108). Tyr, aynı zamanda kılıcın ve atletik sporların hamisidir (Mercatante ve Dow, 2009: 976). Tyr miti, kurt Fenrir'nin bağlanmasıyla ilgilidir. Bu canavar yaratık o kadar güçlenir ki tanrılar onu dizginlemeye karar verir. Onu bağlamak için hiçbir zincir yeterince güçlü değildir. Fenrir'in boynuna sihirli bir zincir takılmadan önce Tyr elini kurdun ağzına sokmak zorunda kalır. Kurt, zincirin kırılmayacağını anlayınca Tyr'in elini koparır (Cotterell, 2006: 239).

İskandinav panteonunun yüce tanrısı Odin tek gözlüdür. Bu sembolik değer dikkate alındığında, körlüğün sadece fiziksel bir engel olamayacağı açıktır. Aynı şekilde, gözleri vurgulamanın üstünlük ve gücü çağrıştırması gibi, körlük de zayıflığı çağrıştırabilir. Göz, bir kişinin gücünü sembolize ettiğinde, kör etme bu gücün sembolik ve gerçek anlamda ortadan kaldırılmasını ifade eder. Bir ceza olarak kör etmek yalnızca bir İskandinav fenomeni değildir. Örneğin Bizans İmparatorluğunda, Kör Bizans krallarının siyasi güçlerini ve krallıklarını kaybettikleri bilinen tarihî bir gerçekliktir. Engeli olan bir Orta Çağ kralı ancak rex inutilis[79] olabilir (Lassen, 2000: 220-221).

İskandinav mitolojisinde engellilik ile bilgelik arasında ciddi bir ilişki mevcuttur. Odin ve Heimdall bilgelik için fedakârlıkta bulunur. Bu fedakârlık onlar için eksiklik getirmektense daha güçlü olmayı sağlamaktadır. Bunun yanında Odin'in kör oğlu Hod ise olup bitene karşı bilgisiz ve hatta Loki'nin aldatmasına karşılık saf olmayı temsil eder. Bilgelik yanında engellilik cesaret ve fedakârlık olarak da bu mitolojide vurgulanmaktadır. Bu bağlamda savaşçı olan bir kavmin üyelerinin savaşlarda kolunu, gözünü ya da başka bir uzvunu kaybetmesi olağan görünmektedir. Bu durumun mitolojik yansıması da olumlu bir perspektif sunmaktadır.

[79] İşe yaramaz kral.

7. ÇİN MİTOLOJİSİNDE ENGELLİLİK

Bilge adam göğe bakar.

Lao Tzu

Çin mitolojisi, geniş bir coğrafyada yaşayan elli altı etnik grubun mitlerinden oluşmaktadır. Hemen hemen her etnik grubun kendi mitsel tanrıları ve bunların yaratıcı eylemleriyle ilgili mitleri olduğundan, Çin halkının tümü tarafından benimsenen bir mitolojisinden bahsedilemez (Yang, An ve Turner, 2005: 4).

Çin, Asya'da geniş otlaklara, çöllere, uzun bir kıyı şeridine ve dünyanın en yüksek dağlarından bazılarına sahiptir. Roma henüz gençken, Çin'in ataları, bilinen en kalabalık ve etnik çeşitliliğe sahip bir imparatorluğu yönetmenin sorunlarıyla boğuşmuştur. Avrupa, Karanlık Çağlardan kurtulmak için mücadele ederken, Çin, okyanusları aşmak için ticaret gemilerini donatmıştır. Bu uzun tarih, zamanla değişen iç içe geçmiş mitler, dinî hikâyeler, efsaneler ve halk inançlarından oluşan bir literatür üretmiştir. Farklı klanlar ve devletler Çin dünyası üzerinde hâkimiyet mücadelesi vermiştir. Çinliler, bölgelerini bir arada tutmak için ayrıntılı bürokrasiler ve yasal sistemler geliştirmişlerdir. Aynı zamanda, bu süreçte felsefi sistemler de ortaya çıkmıştır. Yüzyıllar boyunca Çin düşüncesi, Konfüçyüsçülük, Budizm ve Taoizm'den[80] önemli ölçüde etkilenmiştir (Roberts, 2010:).

Çin mitolojisinin tarihi hakkında Yang, An ve Turner (2005: 5) şunları dile getirir. Mitlerin en eski yazılı kayıtları yaklaşık üç bin yıl öncesine kadar götürülebilir. Çin mitleri, bu tarihi kaydeden kutsal bir kanon olmadığı gibi, sözlü gelenekten mitleri toplayıp sistematik bir biçimde derleyen edebiyatçılar ve ozanlar da olmadığından genellikle çeşitli yazılı materyallerde dağınık ve parçalanmış biçimlerde kayda geçirilir. Bu kaynaklar arkeoloji, edebiyat, felsefe, coğrafya, tarih, din, folklor vb. konularda bilgiler içermektedir.

Çin Panteonu

Çin panteonunda ön planda olan dört tanrı bulunmaktadır. Bunlardan ilki Tanrıça Nüwa'dır. Tarih boyunca Nüwa miti, toplumun gelişmesiyle birlikte zengin bir mitolojik sistem hâli-

[80] Çin'in kadim siyaset düşüncesi gelenek, siyaset düşüncesi ve felsefe görüşün meydana getirdiği birkaç binyıllık bir yapıdır. Öncülüğünü Konfüçyüs'çülük yapmıştır. Bu düşünce, siyaset, ahlak, , bağlılık ve dinsellik gibi temeller üstüne kuruludur. Taoizm, MÖ yedinci asır da Lao-tzu tarafından temellendirilen sosyal, dinsel ve felsefi bir hayat görüşüdür. Halen Çin toplum hayatında önem taşır. Evren, zıtlıklardan "Ying" ve "Yang"dan oluşmuştur. Günümüzden yaklaşık 2500 yıl önce Buddha tarafından temelleri atılan Budizm, gelişim üzerine odaklanan ruhsal bir gelenek ve yaşamın doğasını anlama çabasıdır. Budizm, sosyal ve siyasal yaşamda tabakalaşmaya karşı çıkarak, kast sistemine karşı çıkar (Sayın, 2013: 225-226).

ne gelmiştir. Nüwa, tanrı Fushi'nin karısıdır. Evlilik Çin toplumunda oldukça değerlidir. Bu nedenle Fushi ve Nüwa'nın ilk çift olması büyük önem taşır (Tian, 2020: 31).

İnsanların "Büyük Ana"sı Nüwa, bir kültür kahramanıdır (Yang, An ve Turner, 2005: 170). Adı, Çin edebiyatının iki antik eseri olan Shanhaijing[81] ve Chuci[82] de geçmektedir. Nüwa'nın rolü ve başarıları, Han hanedanına ait kayıtlarda daha nettir. Bu kayıtlardan Huainanzi'ye[83] göre gökyüzünü tutan dört direk çöker. Gökyüzünün çökmesi büyük bir kozmik kaosa neden olur. Yangınlar büyür ve söndürülemez. Su her yere taşar. Vahşi hayvanlar insanları yakalayıp yutar. Bu kritik anda Nüwa, gökyüzünü yamamak için farklı beş renkteki taşı eritir ve devasa bir kaplumbağanın bacaklarını keserek gökyüzünün dört ucunu destekler. Sonra insanları kurtarmak için Kara Ejder'i yener. Tufanı durdurmak için sazlık toplar, kaosu engeller ve dünyayı yeniden düzene koyar. Han hanedanlığının çoğu mezar resminde, sık sık kocası Fushi ile birlikte resmedilir. Her ikisinin de insan kafaları ve yılan gövdeleri vardır. Kuyrukları genellikle birbirine dolanır. Nüwa, Çin inançlarında da yüksek bir konuma

---

[81] Eski Çin mitolojisinin en önemli kaynak kitabıdır. Hatta antik Çin'in ansiklopedisi olarak da kabul edilir. Çeşitli dağları ve denizleri, dağların bitki veya ilaç gibi ürünlerini, mitleri, büyücülüğü ve eski Çin dinini anlatır (Yang, An ve Turner, 2005: 6).

[82] Batı Han Dönemi'nden kalma eski bir şiir koleksiyonudur (Yang, An ve Turner, 2005: 8).

[83] Batı Han hanedanlığının başlangıcında (yaklaşık MÖ 139), Huainan kralı Liu An ve yardımcılarının çoğu tarafından yazılmış ve derlenmiş bir kitaptır. Bu kitap ile başkalarına yararlı bir şey aktarmak ve bir miras oluşturmak hedeflenmiştir (Yang, An ve Turner, 2005: 10).

sahiptir. Üç tanrısal hükümdardan biri olarak saygı görür. Diğer iki ise Fushi ve Shen Nong'dur (Yang, An ve Turner, 2005).

Birçok akademisyen, Fushi'nin MÖ 2953-2736 yılları arasında yaşamış gerçek bir hükümdar olduğunu düşünür. Bazı metinler onun insan vücuduna sahip olduğu belirtir. Diğer metinlerde ise insan başlı ve yılan gövdeli olarak tasvir edilir. Pek çok anlatıda tanrıça Nüwa'nın kocasıdır ve ikisi de medeniyetin kurucularıdır. Fushi, insanlara yardım etmeye karar verir. Çünkü insanlar; tanrıların doğaüstü güçlerine, kaplanların gücüne, leoparların hızına, kaplumbağaların koruyucu zırhlarına, mandaların derisine veya tilkilerin kalın kürklerine sahip değildir. Ancak insanlar Fushi rehberliğinde ateşin onları soğuk gecelerde güvende tutabileceğini keşfederler. Fushi dalları ateşte şekillendirir, ardından onları kıvrımlı yaylara dönüştürür. İnce çubukları düzeltir ve kurutarak ok yapar. Sonra insanlara geyik, yaban domuzu ve göçmen kuş avlamayı öğretir. Ormanların, ovaların yabani otlarını ve derelerin kıyılarında büyüyen bitkileri toplamada onlara rehberlik eder. Onlara koyun, keçi, kaz ve ördek yetiştirmeyi öğrettir. İnsanlar bu bilgilerden çok memnun kalırlar ve kendilerini yeryüzünde yaşamaya hazır hissederler. Ama Fushi yiyecek bulmanın, alet yapmanın, hayvan yetiştirmenin, kayıt tutmanın ve seçim yapmanın yeterli olmadığını fark eder. İnsanların kendini beğenmiş ve bencil olacağından endişe eder. O insanların alçakgönüllü olmalarını ve geçmişlerinden ders almalarını, başarılarını ve başarısızlıklarını hikâyeler anlatarak hatırlamalarını ister. Hikâye anlatıcılarına yardım etmek ve kalplerine dokunmak için onlara son armağanı olan müziği verir (Collier, 2001: 36-37).

Fushi antik Çin literatüründe Paoxi veya Baoxi olarak da adlandırılır. Onun mitlerinin çoğu, kültürel ögeler icat etmesi hakkında bilgiler verir. Bu icatlar ile Çin'deki en büyük kültür kahramanlarından biri olur. Metali eritip çok sayıda eşya ve alet yapar. Ayrıca kumaş yapmak için ipekböceği yetiştirir (Yang, An ve Turner, 2005: 120-121).

Nüwa ve Fushi
(www.viewofchina.com)

Çin mitolojisinde üç ilahi hükümdardan biri olan Shen Nong "İlahi Çiftçi" olarak anılır. Antik Çin mitleri onu tıp, sağlık, tarım ve ormancılık tanrısı olarak onurlandırır. İnsanlara çiftçiliği öğretir. Sabanı icat eder. Kendi sürdüğü, ekip biçtiği bir tarlada tahıl yetiştirir. Ayrıca çiftçilerin ticaret yapabilecekleri pazarlar kurar. Bazı Çinli bilginler, Shen Nong'un mitsel krallığını bir ütopya veya mükemmel bir tarım toplumu örneği olarak kullanırlar (Roberts, 2010: 108).

Panteonun önemli bir tanrısı olan Pangu ise dünyanın yaratıcısıdır. Kozmos yumurtasından mucizevi bir şekilde doğan ilk tanrısal varlıktır. O kaos içinde doğar. Yer ile göğü birbirinden ayırır. En başta, dünya bir tavuk yumurtası gibi kaotik durumdadır. 18.000 yıl sonra yumurta açılır. Berrak ve hafif kısmı yükselerek cennet, bulanık ve ağır kısmı ise alçalarak yeryüzü olur (Yang, An ve Turner, 2005: 176). Pangu'nun bir başka büyük önemi de, ölümünden sonra kendi bedeninin evrene dönüşmesidir. Onun bedeni ölürken değişmeye başlar: nefesi rüzgârlar, sesi gök gürültüsü, sol gözü güneş, sağ gözü ay, kanı ırmaklar, eti tarlalar ve toprak, saçı ve sakalı yıldızlar, vücut kılları bitkiler, kemikleri çeşitli madenler, teri yağmur olur (Yang, An ve Turner, 2005: 177-188).

Çin Mitolojisinde Engellilerin Yaratılışı

Çin mitolojisinde insanlar yaratılmadan önce, dünya pırıl pırıl parlayan bir mücevher gibidir. Dağlar ağaçlarla kaplıdır. Salkım söğütler dere kenarlarında sıralanır. Kuşlar; siyah, kızıl ve yeşil tüylerini rüzgârda savurarak masmavi gökyüzünde uçuşur. Gümüş balığı ve sazan nehirlerde neşeyle sıçrar. Vahşi hayvanlar tepelerde dolaşır. Ama Nüwa, tomurcuklanan bu dünyadan garip bir şekilde mutlu olmaz. Tanrıça dünyayı büyüleyici ancak boş bulur. Düşünmek için bir nehir kenarında oturan Nüwa sudaki yansımasına bakar ve birden neyin eksik olduğunu anlar. Dünyanın tanrılar gibi düşünen, gülen yaratıklarla dolmasını ister. Bu nedenle, nehrin kaygan dokusundan bir kil topu çıkarır. Nehrin biriktirdiği bu yapışkan toprak, düşündüğü için mükemmel kıvamdadır. Bu nemli kili yuvarlayarak bir oyuncak bebek yapar. Nüwa, sarı toprağın birçok tonundan uzun ve kısa, ince ve şişman, kıvırcık ve düz saçlı, gözleri kiraz kadar yuvarlak ve iri, bazılarının gözleri uzun ve dar olan bebekler yapar (Collier, 2001: 27). Bu süreçte Nüwa elinden geldiğince çalışır ama yine de yeterince hızlı olmadığını düşünür. Bu yüzden bir ipi, kilden çamura batırır ve sallar. Böylece çamurdan kil damlaları her yere sıçrar. Her biri birer insan olur (Tian, 2020: 29). Dikkatle yaratılmış insanların asil ve zengin, çamurlu ipten damlayanların ise alçakgönüllü, yoksul ve engelli olduğu kabul edilir (Roberts, 2010: 27).

Nüwa İnsanları Yaratıyor
(heathenchinese.wordpress.com)

Bir başka versiyona göre, Nüwa ve Fushi evlendikten sonra çamuru şekillendirerek insanları yaratırlar. Daha sonra bu ıslak figürleri güneşte kuruturlar. Onlar kururken yağmur yağmaya başlar. Aceleyle bunları süpürgeyle bir faraşa süpürüp mağaraya taşımaya çalışırlar. Bu süreçte yağan yağmurdan dolayı, figürleri bazıları bacaklarını veya kollarını kaybeder, bazılarının ise göz ve kulakları yaralanır. Bu yüzden bugün dünyada hem sağlıklı insanlar hem de engelli insanlar vardır (Yang, An ve Turner, 2005: 173).

İnsanın yaratılması hakkındaki bu mit Nüwa'nın iki tür insan yarattığını anlatır. Nüwa biri için çok çaba sarf eder ve ince bir şekilde yaratır, diğerini ise oldukça basit bir şekilde. Dolayısıyla, bu iki tip insanın kaderi de doğası gereği farklıdır. Toplumlarda bazı insanların ekonomik durumu daha yüksek, bazılarının ise düşüktür. Bu duruma kişiler doğmadan önce karar verilir. Bazı araştırmacılar, bu mitin başlangıçta yönetici sınıf tarafından insanların toplumsal statükodan memnun olmasını sağlamak için yaratıldığını ileri sürmektedir. Bu anlatı sosyal düzen hakkındadır. Dolayısıyla bazı mitolojik anlatıların toplumsal yapının temeli olarak kullanıldığı söylenebilir (Tian, 2020: 29). Zengin, fakir ve engelli tüm insanlar Nüwa tarafından yaratılmıştır. Bu nedenle, ona şükretmeli ve onun önünde başlarını eğmelidirler. Nüwa'nın insanı yaratma miti Çin halkına özgü bir anlatıdır. Kilden insan yaratmak, sadece Çin topraklarının çoğunu kaplayan sarı toprakla değil, Asyalıların sarı teniyle de alakalıdır. Ayrıca kil figürleri yapmak Çin el sanatlarının da önemli bir simgesidir (Tian, 2020: 31).

Bu mitolojide engellilik tanrısal ve önceden belirlenmiş bir kader olarak sunulmaktadır. Bu durum beraberinde toplumsal olarak farklılaşmış nüfus kategorilerinin tabakalı olarak düzenlendiğini de belirtmektedir. Dolayısıyla mitin sosyal düzen üretip bunun devamlılığını sağlam işlevi burada ön plan çıkmaktadır. Engellilik de bu farklı nüfus kategorilerinde biridir. Ki onlarında hayatlarına böyle devam etmelerinin tanrısal bir belirleme olduğunun altı çizilmektedir.

8. HİNT MİTOLOJİSİNİN ENGELLİ TANRISI ARUNA

Hint mitolojisi oldukça zengin aynı zamanda karmaşık bir niteliğe sahiptir. Birçok Hindu, Hindu filozoflar ve ilahiyatçılarının yaptığı gibi, mitleri sıradan yaşantıdan ayrı tutmaz. Hindu entelektüeller, varoluşsal gerçekler ile başkalarının öğrettikleri arasında sofistike ayrımlar yapar. Bu da, takipçilerine hayattaki her şeyi test etmeyi ve yalnızca kendi yaşam deneyimleriyle doğruladıklarına bunlara inanmayı öğretir. Hindu entelektüellerin çoğu, başlangıç noktası olarak Buda'nın öğütlerinden yararlanırlar. Yine de, çoğu entelektüelin düşüncesinde bile ve diğer Hindular için olduğu gibi, her zaman hayal gücüne yer olmuştur. Bir Hindu, mitlerin ayrıntılarına inanmak zorunda değildir. Bu detaylar değişime açıktır. Aslında, genellikle aynı hikâyenin birçok versiyonu vardır ve bir versiyon diğerinin detaylarıyla çelişebilir. Bir Hindu, geleneğin anlamına, yalnızca mitin kişinin kendisini topluluğun dünya görüşü içinde konumlandırmasına yardımcı olma becerisiyle özdeşleşerek katılabilir (Williams, 2003: 1-2).

Hindu mitleri çoğunlukla büyük mit döngüleri içinde yuvalanmıştır. Tüm yaratılış ve evren mitlerinin yanı sıra, hiyerarşik dört toplumsal kastla ilgili anlatılar da vardır. Bu kastlar; brâhminler, kshatriyalar, vais'yalar ve s'ûdralardır. İnsan kökeni, kozmik olarak insanın parçalanmasına kadar geri götürüldüğünde, kastların onun vücudunun farklı bölgelerinden kaynaklandığı anlaşılır. İnsanlar, hayvanlar, iblisler ve tanrılar aynı kutsal varlık ağının birer parçasıydı. Mitler, insanların bir zamanlar büyük kahramanlar ve öğretmenler olduğunu, ancak şimdi doğru yaşamaya yönelik azalan ilgi ile bunlardan uzaklaşıldığını belirtir (Williams, 2003: 25).

Ramayana Hindu mitolojik edebiyatının iki büyük destanından biridir. Mükemmel bir savaşçı olan Rama'nın hikâyesini ele almıştır. İlki altı kitap ve ikincisi bir kitap olmak üzere iki bölüme ayrılmıştır (Williams, 2003: 243). Diğer büyük destan Mahabharata'dır. Bu kutsal kitap, yüz bin beyitten oluşan muazzam bir destandır (Williams, 2003: 203). Ramayana, Hindistan'ın büyük bir destanıdır. Yedi kitap ve 24.000 dizelik şiirden oluşur. Bugün hâlâ okunmakta ve anlatılmaktadır. Bu büyük eser boyunca Rama; ideal kahramanı, kocayı ve kralı temsil eder. Hâlâ iyi bir hayatın nasıl yaşanacağının yanı sıra evrenin ilahi yasası olan dharma kurallarına nasıl uyulacağının bir örneği olarak gösteriliyordur (Ramen, 2008: 36). Hindistan'ın büyük hikâyesi olarak tercüme edilebilecek Mahabharata ise ulusal bir destandır. 100.000 dörtlük uzunluğundadır, yani İlyada ve Odysseia'nın toplamından sekiz kat daha uzundur. Bazıları hakkında zaten okuduğunuz efsaneler, hikâyeler ve mitler dâhil olmak üzere birçok farklı bölüm içerir. Ayrıca tanrılara nasıl tapılacağına dair talimatlar ve kralların iyi yönetimleri için bir rehber kitaptır. Ancak Mahabharata'nın kalbinde, aynı ailenin iki kolu olan Pandavalar ve Kauravalar arasındaki kan davasının hikâyesi vardır (Ramen, 2008: 46).

Bu iki destanla beraber, Hindu mitolojik edebiyatının kalbi niteliğindeki Puranalar, çoğunlukla şiirsel bir anlatımla sunulan hem felsefi hem de varoluşsal konuları ele alır. Puranas'ta ele alınan beş konu, tanrıların, kralların ve kahramanların soy kütükleri, zaman ve tarihsel döngüleridir (Williams, 2003: 237).

Hint mitolojisinde engellilik konusunda en önemli temsil güneş tanrısı Sûrya'nın araba sürücüsü olan Aruna'dır. Aruna'nın babası ünlü Kas´yâpa-prajâpati (tüm canlıların büyükbabası) idir. Kas´yâpa'nın eşlerinden ikisi, Vinatâ ve Kadrû, onu o kadar çok sevindirir ki, oda her ikisine birer ödül verir. Kadrû bin nâga (yılan) oğul ister. Vinatâ ise Kadrû'nunkinden daha güçlü iki oğul diler. Böylece Kas´yâpa dileklerini yerine getirir. Kadrû bir süre sonra bin tane yumurta doğurur. Kuluçkaya yatırmak için onları saksılara koyar. Vinatâ ise iki yumurta doğurur. O da her birini bir saksıya koyar. Beş yüz yıl sonra Kadrû'nun saklarından bin yılan çıkar. Vinatâ saksılarından birini açar ama oğullarından birinin bir yarısı gelişmemiştir. Bu eksik bedenli çocuğa Aruna adı verilir. Kardeşi ise gelişir ve büyük güneş kartalı Garuda olarak adlandırılır (Williams, 2003: 63).

Bir diğer engelli figür kör bir bilge olan Dirghatamas'tır. Bir gün tanrıların kadim öğretmeni Brihaspati, kardeşi Utathya'nın karısı Mamata'ya olan tutkusuna yenik düşer. Mamata zaten Utathya'nın çocuğuna hamiledir ve Brihaspati'yi aynı anda iki çift tohumun içinde tutamayacağını söyleyerek onu caydırmaya çalışır. Utathya'nın doğmamış çocuğu, tüm dinsel metinleri içeren "Veda"ları çoktan öğrenmiştir. Brihaspati Mamata'yı zorlar. İlişki sırasında anne karnındaki çocuk, Brihaspati'ye yaptığının yanlış olduğunu söyleyerek ayağıyla meniyi rahimden dışarı atar. Brihaspati sinirlenir ve çocuğu kör olarak doğması için lanetler. Böylece Utathya'nın çocuğuna "ebedi karanlıkta olan" anlamına gelen Dirghatamas adı verilir. Kör olmasına rağmen, Dirghatamas anlayışta Brihaspati'ye eşittir. Pradveshi ile evlenir ve ondan birçok çocuğu olur. Sonra ailesi yaşlandığında ondan kurtulmak için onu bir sala bindirirler. Kral Bali, kör yaşlı bilgeyi kurtarır ve bilgenin kısır kraliçesinden parlak çocuklar doğurmasına karar verir. Kraliçe, modern isimleri Bhâgalpura, Bengâl, Ândhra, Râjasâhi ve Tâmravika olan krallıklar kuran beş erkek çocuk dünyaya getirir (Williams, 2003: 120). Bu mitte tanrıların istekleri karşısında sadakat göstermeyenler bir ceza olarak engelli yapıldıkları anlatılmaktadır. Benzer mitlerin antik Yunan mitolojisinde mevcut olduğu önceki bölümlerde de belirtilmişti. Bu mitolojide de engellilik ile suç arasında bir ilişki bulunmaktadır.

DEĞERLENDİRME VE SONUÇ

Antik toplumlarda mit, gerçek bir öyküyü dile getirir. Kutsal ve örnek olduğu için de son derece önemlidir. Mit, insan medeniyetinin esas unsurlarındadır. Soyut bir kuramlar ya da imgeler gösterisi değil, aksine insan için kılavuz olan yaşayan bir gerçekliktir. İlkel dinin ve yaşamsal pratik bilginin gerçek bir yansımasıdır. Modern toplum tarihin ürünü ise antik toplumlar da kendi mitlerinin ürünüdür (Eliade, 2017b)

Mitler hayata ayna tutarlar (Campbell, 2003b). Boş yere kurgulanmış anlatılar değildir. Kuşkusuz her toplumun kendine özgü değerleri ve ihtiyaçları mevcuttur. Toplumlar kendi ihtiyaçları doğrultusunda, bir sistem oluşturmak ve bu sistemin devamlılığını sağlamak için çeşitli mitler üretmiş ve kutsallık atfederek bu mitlere inanmışlardır. Dolayısıyla mitler, insanların yeryüzünde yaşadıkları hayatın "gökyüzüne" yansıması, zamanla "gökyüzü"nün yaşanılan hayata etkisi çerçevesinde değerlendirilebilir. Bu bağlamda, engellilik olgusu hakkında anlamlandırma ve toplumdaki yapısal ilişkiler mitlere yansımış ardından bu anlatılar insanlara tanrısal emirler olarak yansımıştır.

Bu doğrultuda, Hephaistos miti engellilik çalışmaları için oldukça derin ve kapsamlı boyutlar içermektedir. Engelliliğin tarihsel arka planını anlamada çeşitli veriler sunmaktadır. İlgili tarihsel literatür sonucunda, Hephaistos'un engelli insanlarla ilişkili birçok özelliği bünyesinde barındıran karmaşık bir figür olduğu ortaya çıkmıştır. Engelli insanlarla ilgili bazı kültürel klişelerin ilk versiyonları bu mitte bulunabilir. Mitteki her anlatı, engellilik deneyimini ve bunun toplumdaki yansımasını anlamamıza yardımcı olabilecek derinlik taşımaktadır. Bu sayede, mit engelliliğin kültürdeki yansımalarını keşfetmemize imkân vermektedir (Ebenstein, 2006).

Birçok boyutuyla mitler kültürel rüyalardır. Mitlerin tarihsel bağlamı önemli olmakla beraber, asıl mesele mitlerde içkin olan anlamın ortaya çıkarılmasıdır (Leeming, 1998). Bununla beraber mitolojik tanrılar üstüne analiz yapmak, insanlar hakkında da çok öğrenmemizi sağlayabilir. Hephaistos Olimpos tanrıları ile eşit ise yeryüzünde engelli insanlar da diğer insanlara eşittir. Mit, insanların değerlerinin temelinde "insan olma"nın bulunması gerektiğini vurgular. Tanrılar arasında Hephaistos çarpık ayaklı ve çirkin olsa da onlara eşittir. Dolayısıyla engelli olmak diğer insanlarla eşit olmaya mani bir unsur değildir. Ancak insanlar arasındaki ayrımcı tutum bu eşitlik için risk oluşturmaktadır. Kısacası: "Engelli tanrı= Tanrı, o hâlde Engelli insan = İnsandır". Bu yaklaşım, ilgili miti yaşayan topluma güçlü bir mesaj niteliğindedir.

Hephaistos'un reddedilmesi, herhangi bir annenin engelli bir çocuk doğurduğunda verdiği potansiyel tepkiye benzetilebilir. Engelli çocuğun kabulü ve desteklenmesi hususunda ebeveynler için önemli bir örnek niteliği taşımaktadır. Hephaistos topluluğundan uzaklaştırılmıştır. Ancak hiçbir tanrının geçmediği bir sınavdan geçerek âdeta kendini yeniden yaratmıştır. O, hayatına başka anneler (Thetis ve Euryneme) ile başlar. Her şeye rağmen ürettikleriyle, yapıp ettikleriyle hayata direnen bir figürdür. Onun bu çabaları açık bir şekilde engellilerin ne yapması gerektiğini resmeder. Dolayısıyla her engelli onun gibi bir süper kahraman (hiçbir engellinin kahraman olması gerekmez) olabilir. Ancak bu yol ciddi zorluklar da barındırır. Mit engellilere, toplumun kapılarının açık olduğunu söylemektedir. Ama bu koşullu bir durumdur. Bu koşulların başında topluma bir yük olarak değil katma değeri olan bir kimliğe sahip olmak bulunmaktadır. Toplumsal hayatta engellilerin zorluklarını "aşmak" ve "normal" bir hayata erişmek için olağanüstü çaba göstermesi gerektiğini, dolayısıyla her engelliliğin bir "süper engelli" olmasının da altı çizilmektedir. Bu toplumsal kabul, koşullu da olsa engelliler için önemli bir motivasyon kaynağı olarak da değerlendirilebilir.

Medeniyet inşa etmenin en önemli motivasyon kaynaklarından biri de mitlerdir (Campbell, 2003b). Her medeniyetin ateş ve demir sayesinde hızlı bir şekilde geliştiği dile getirilebilir. Antik toplumların çoğunda ateşle ilgili işlerde engelliler görev almışlardır. Ateşle ilgilenmek şaman ve büyücülük gibi birtakım özel yeteneklere sahip olmak anlamına gelmektedir (Eliade, 2003a). Antik Yunan siteleri arasında savaşlar vardır. Savaşlarda kullanılacak silahların yapımı vazgeçilmez bir üretim alanıdır. Bu nedenle kahramanlara ve askerlere silahlar yapmak yüce bir iş olarak kabul edilmektedir. Hephaistos miti, zanaat ve sanatın sadece "sağlam bedenlilerin" alanı olmadığını ifade eder. Demircilik engelliler için uygun bir meslekti ve dönemin toplumsal yapısına da uygundur. Dolayısıyla demircilik rolü, engelliler için onurlandırıcı bir anlam taşımaktadır. Zira Hephaistos'un bir kültür kahramanı olmasının gerisinde önemli ölçüde bu rol bulunmaktadır. Engelliler de tıpkı Hephaistos gibi bu meslek sayesinde statü edinmekte ve saygınlık kazanmaktadır.

Kültürel tezahürler olarak mitler fantastik kurgular değildirler (Parks, 2009). Söz konusu durum Hephaistos mitleri için de geçerlidir. Hephaistos insanlaştırılmış tek tanrıdır. Kendisiyle alay edilir, toplumundan dışlanır, duygusal olarak acı çeker, evlenir, aldatılır. Bir anlamda bu vurgular, engelli insanların hayatlarında karşılaştıkları muhtemel durumları tasvir etmektedir. Ancak o, pasif bir karakter değildir. Zekidir ve bu zekâsını gerektiğinde bir araç olarak kullanır. Bu özellikleri insanlar tarafından da takdir edilmiştir. İnsanlar, mükemmel ve güçlü bir bedene (Ares) karşılık zekâ ve yaratıcılığı her zaman yüceltmiştir. Hephaistos, tanrılar katından kovulmuştur ancak insanlar kentlerinde ona çok saygı gösterip tapınaklar inşa etmişlerdir.

Antik Yunan mitolojisinde Hephaistos mitleri dışında engelliliğin yer aldığı başka mitler de vardır. Bunlardan birkaçı dikkate alınmıştır: Tanrısallık peşinde koşan kahraman Bellerophon tanrıların katına çıkmak ister. Ancak tanrılar bu arzu karşısında onu cezalandırır. Bunun sonucunda geri kalan ömrünü toplumdan dışlanmış bir engelli olarak geçirir. Teiresias tanrıların verdiği bir ceza sonucu kör edilir. Sadakatsiz olmanın cezası olarak Daphnis de kör edilir. Lara'nın ise dili kesilir. Bu bağlamda engelliliğin zor bir hayatla ilişkilendirildiği akla gelebilir. Yapılan kötü işler karşılığında verilen ceza olarak değerlendirme söz konusudur. Hatta kimi zaman ebeveynlerin işledikleri günahın sonucu olarak da değerlendirilmiştir.

İnsanlığın mistik duygularının ve sosyal dürtülerinin bir birleşimi (Wilkinson ve Philip, 2007) olan mitler, dikkatle analiz edilmeliler, çünkü toplumsal değerlere ilişkindirler (Jacobsen, 1977). Bu doğrultuda Sümer yaratılış mitinin, engelleri toplumsal hayata dahil etmenin gerekliliğine dair retorik bir girişim olduğu dile getirilmelidir. Her engelli, sosyal organizasyon bünyesinde, sahip oldukları yeteneklere uygun istihdam edilerek, toplumun saygın bir üyesi hâline gelir. Bu durum, Sümer toplumunda sosyal engellilik modelinde vurgulanan önemli bir boyutun etkili olduğunu göstermektedir (Walls, 2007: 19). Sümer çivi yazılı tabletlerde, engelli kişilerin kralların ve kraliçelerin hizmetinde oldukları bilinmektedir. Sümerlerde, cüzzamlıların dışlandığına ilişkin bazı referanslar mevcut olsa da, engelliler toplumsal olarak dışlanmamıştır (Kağnıcı, 2018).

Mezopotamya'da engellilerin topluma entegre edilmelerinde iki husus dikkat çekmektedir. İlki Sümer yaratılış mitinde, yaratılan her engelli için tanrılar tarafından toplumsal alanda bir statü verilmesidir. Bu mitin hayat bulduğu toplumda, yönetici ve din adamlarının kendileri için bu uygulamanın bir buyruk olarak değerlendirmeleri, ikincisi ise Sümerlerin hüküm sürdüğü toprakların oldukça verimli olması ve buna bağlı olarak elde edilen mahsulün çokluğu ile oluşan refah düzeyidir.

Örgütlenmiş bir toplumun devamlılığı için mitler önemli işlevler üstlenir (Bolton, 2002). Mitler; ahlaksal, siyasal ve dinsel anlam sistemleri oluşturarak, ideal toplumsal hayatın inşasına destek sağlarlar (Doty, 2000). Toplumların yapıları; örgütlenme, nüfus ve yasalar gibi değerleriyle ilişkilidir (Wilkinson ve Philip, 2007). Dolayısıyla, toplumsal yapıda nüfusun heterojen özelliği dikkate alınmalıdır. Zira toplumda birçok kategori gibi engellilerin mevcudiyeti de söz konusudur. Bu nedenle Sümerlerde toplumsal devamlılığı sağlamak ve farklı özelliğe sahip nüfus kategorisinin dışlanmasına engel olmak için, tapınakların önemli etkileri olmalıdır. Bu etki kutsal mitolojik metinlerle desteklenmektedir. Enki ve Ninmah miti bu doğrultuda değerlendirildiğinde tanrı Enki yöneticilere ve din adamlarına, tıpkı kendinin yaptığı gibi engelli insanları istihdam etmeleri gerektiğini emretmektedir. Dolayısıyla tanrının buyruğu yerine getirilmeli ve herkese yapabileceği bir iş belirlenmelidir. Bu nedenle tapınakların engellilerin istihdam edilmeleri konusunda doğrudan bir sorumluluk aldıkları ileri sürülebilir. Bununla beraber dikkate alınacak önemli bir husus da Mezopotamya kentlerinin eriştiği refah düzeyidir. Verimlilik arttıkça istihdam edilecek nüfusa da ihtiyaç duyulacaktır. Bu perspektiften de bakıldığında bir ekonomik koşullar da engellilerin topluma dâhil edilmesinde ön plan çıkmaktadır.

Engellilerin dışlanmadığı bir diğer antik toplum da Mısır'dır. Antik Mısır'da cücelerin topluma çok kolay dâhil edilmesi, mitolojideki cüce tanrıların nitelikleri ve onlara duyulan saygıdan ileri gelmektedir (Kağnıcı, 2021). Mısırlıların engellileri topluma dâhil etmelerinde Osiris miti de önemlidir. Parçalanmış bir vücudun öte dünyada bütünlük içinde hayat bulacağı görüşü Osiris mitinin önemli bir boyutudur. Böylece Mısırlılar engellileri toplumlarına çok kolay entegre ederler ve desteklerler (David, 2017). Engellilere dair olumlu tutumun gelişimine katkıda bulunan önemli bir diğer husus da birçok ahlak ve hikmet öğretilerinin etkisidir (Mahran ve Samar, 2016).

Mısır tanrıları arasında cüce tanrıların varlığı, insanların da cüce ve engellilerin varlığını kabul etmesinde etkili olmuştur. Hatta Mısırlılar bu cüce tanrılara çok önemli işlevler atfederek daha da değerli kılmışlardır. Bunun yanında engellilerin toplumsal hayata dâhil olmalarında Mezopotamya da olduğu gibi, Mısır'ın coğrafyasının da etkisi olduğu söylenebilir. Nil Mısır'a can vermekte ve mevsimsel olarak taşmaktadır. İklim koşulları çerçevesinde yılda birkaç kez ürün elde edilebilmektedir. Ayrıca zengin bir kültür ve dinsel yapı, tapınaklar ve çeşitli dinî nesnelerin yapılmasını da etkilemiştir. Saraylar, piramitler, nekropoller, sfenksler vb. yapıların inşa edilmesinde birçok kişinin görev alması gerekmektedir. Dolayısıyla her kişinin yapabileceği işler mevcuttur. Yazı, süsleme, metal işlemeciliği gibi zanaatlar yanında tarım işlerinde de çok farklı işler mevcuttur. Bunlara ek olarak Mısır coğrafi olarak kapalı bir havzada bulunmaktadır. Ciddi bir nüfus hareketliliği olmadığı için de, engellilerin topluma daha rahat katılmaları da sağlanmış olabilir.

Garip ve tuhaf olsalar da, mitlerin ilgili kültürün üyeleri dışında anlaşılması zordur. Dolayısıyla her kültür için mit mantıklı, anlaşılır ve derin anlamlar ihtiva eder (Thompson ve Schrempp, 2020). Japon kültüründe, doğuştan gelen engelliliğin, bir kader ve karmaya olduğu kadar, bir tanrısal ceza olduğu kabul edilmiştir. Buna karşın engellilerin, aileler için olumsuzlukları ortadan kaldırmak konusunda bir "nimet" olarak da dikkate alınmıştır (Stevens, 2013). Japonların engelliliği anlamlandırmalarında Budizm, Konfüçyanizm ve Şintoizm etkili olmuştur. Engellilik anne babaların günahlarına karşılık bir cezadır. Dolayısıyla çoğu zaman engelliler sosyal ve dinsel hayattan dışlanmışlardır (Turan ve Battal, 2017).

Japon mitolojisinde engellilik olgusu, ilk insanın doğuşunda mevcuttur. Kojiki'de, İzanami ve İzanagi'nin çocukları olan Hiruko engelli olarak doğar. Ne kolları ne de bacakları vardır. Hephaistos gibi Hiruko da ebeveynler tarafından reddedilir.

Onun engelli doğuşunun nedeni olarak ebeveynlerin evlilik ritüeline uygun davranmadığıdır. Ritüele göre karşılaştıklarında, erkek tanrı İzanagi önce konuşmalıdır. Ancak tanrıça İzanami karşılaştıklarında söze başlar. Bu nedenle Hiruko engelli olarak doğar (Sapunaru Tamas, 2015).

Hiruko da Hephaistos gibi insanlar tarafından benimsenir. Şansın Yedi Tanrısından biri olan Ebisu olarak mitolojide tekrar ortaya çıkar. Ebisu da engelli olarak tasvir edilir. Hem fiziksel hem de işitme engeli vardır. Ticaretin koruyucu tanrısıdır ve tüccarların servet edinmesine yardımcı olur (Ashkenazi, 2003). Artık bebek öldürmenin bir göstergesi olmayan Ebisu, günümüz Japonya'sında iş veya aile refahını temsil etmektedir (Okuyama, 2017). Bu mit engellinin tekrar topluma dâhil olmasını içermektedir. Yine de bu kabul için belli birtakım özelliklere sahip olmak gerektiği de anlaşılmaktadır. Japonların iyi şans ile ilgili kültürel bir çeşitlilik bulunduğu anlaşılmaktadır. Şans ve mutluluğa dair inançlar hâle geçerliliğini korumaktadır. Bu noktada sülük çocuk Hiruko, insanlara bir şans tanrısı olarak geri dönecektir. Bu mitolojide de engellilerin koşullu bir şekilde topluma kabulü söz konusudur.

Engellilik, İskandinav mitolojisinde bazı tanrıların sahip olduğu özellikler arasındadır. Ancak bu engellilik durumları onların güçlerinden ya da tanrısallıklarından bir şey eksiltmez, hatta bunu daha da güçlendirmektedir. Tanrı Odin bilgelik için bir gözünü, Heimdall ise bir kulağını feda eder. Tanrı Hod kördür, tanrı Tyr ise tek kolludur. Bu tanrısal temsiller İskandinav kültüründe engellilerin topluma rahat kabul edildiklerini dile getirebilir.

Mitler aynı zamanda toplumsal düzenin sembolik anlatılarıdır (Pinch, 2002: 1). Çin mitolojisinde tüm insanları tanrıça Nüwa yaratır. Bu süreçte farklı nitelikte insanlar olduğu gibi engelli insanlar da yaratılır. Özenle yaratılmış insanlar asil ve zengin, özenilmeden yaratılanlar ise yoksul ve engelli olur (Roberts, 2010). Engelliğin tanrısal bir durum olduğunun altı çizilmektedir. Dolayısıyla bu durumun Çin'in toplumsal yapısında hiyerarşik bir düzen oluşturma (Tian, 2020) ile alakası da bulunmaktadır. Mitolojinin bu düzenleyici gücü de kullanılmaktadır. Kısaca herkes tanrısal bir kaderle doğar ve buna uygun yaşamakta tanrıların dileğidir. Elbette bu değerlendirmelerde tarihsel bağlam dikkate alınmalıdır.

Kutsal metinler toplumsal hayata etki ederler. Bu kutsal dinî metinler kendisine inanan insanlara rehberlik eden ve onlara toplumsal hayatta yön veren esas kaynaklardır. Nitekim hayatları süresinde inananlar kutsal saydıkları bu dinî metinlere karşılaştıkları sorunların çözümü için müracaat etmektedir (Turan, 2017). Tıpkı dinsel metinler gibi mitolojik metinler de ait oldukları topluluklar nezdinde kutsal ve hayatı düzenleme gücüne sahiptirler. Engellilik hususunda mitolojilerin toplumsal bir perspektif içerdikleri görülmektedir. İnsanların engellilere nasıl davranması gerektiği tanrısal temsiller ve mitolojik anlatılarda da açıkça ortaya konmaktadır. Mitolojiye inananlar için birer örnek olarak bu mitler yol gösterici hatta insanlar, yöneticiler ve din adamları için bağlayıcı niteliktedir.

Mitoloji, engelliliğin kadim ve evrensel bir konu olduğunu doğrulamaktadır. Zira birçok mitolojinin, engellilik olgusunu dikkate alması ve bu doğrultuda çeşitli çözümlerin üretmiş olması önemli bir husustur. Dolayısıyla ilgili konuda geçmişte yapılanların modern toplumlar için bir öz eleştiri olarak dikkate alınması zorunluluk arz etmektedir.

KAYNAKÇA

Abdel Baki, Manar Abou El- Fetouh. (2021). 'Egyptian Dwarf Deities Associated with Solar Cult in Ancient Egypt'. *Journal of Association of Arab Universities for Tourism and Hospitality* 20/4, 159-188.

Akbay, Okan. (2014). 'Japon Mitolojisinde Kadın İmgesi'. *Selçuk Üniversitesi Edebiyat Fakültesi Dergisi* 32, 79-88.

Akrep, M. Yunus. (2017). 'Sümer Ekonomisinde Tapınak Faktörü'. *Mavi Atlas* 5/2, 458-473.

Akyıldız Ercan, Cemile. (2014). 'Germen Mitolojisinde Yaratılış'. *Atatürk Üniversitesi Sosyal Bilimler Enstitüsü Dergisi* 18/1, 121-132.

Altuncu, Abdullah. (2014). 'Sümerlerde Tanrı Anlayışı ve Tanrılar Panteonu'. *Kilis 7 Aralık Üniversitesi Sosyal Bilimler Dergisi* 4/7, 118-142.

Ashkenazi, Michael. (2003). Handbook of Japanese Mythology. California: ABC-CLIO.

Backstrom, Laura. (2012). 'From The Freak Show to The Living Room: Cultural Representations of Dwarfism and Obesity'. 1. Sociological Forum 27/3, 682–707. doi:10.1111/j.1573-7861.2012.01341.x

Bolton, Lesley. (2002). Greek and Roman Gods, Goddesses, Heroes, and Monsters From Ares to Zeus. Massachusetts: Adams Media.

Brann, E. (2002). 'Hephaestus' World: The Shield'. *The American Poetry Review* 31/6, 41-42.

Bremmer Jan N. (2010). 'Hephaistos Sweats or How to Construct an Ambivalent God'. IN, The Gods of Ancient Greece, (Eds: Jan N. Bremmer and Andrew Erskine), pp:193-208. Edinburgh: Edinburgh University Press.

Brennan, Maura. (2016). 'Lame Hephaistos'. *The Annual of the British School at Athens* 3/1, 163–181.

Budin S. Lynn. (2015). 'Fertility and Gender in the Ancient Near East'. IN, Sex in Antiquity: Exploring Gender and Sexuality in the Ancient World, (Eds: Mark Masterson, Nancy Sorkin Rabinowitz, James Robson), pp:30-49. Routledge: New York.

Campbell, Joseph. (2003a). Doğu Mitolojisi. çev: Kudret Emiroğlu. Ankara: İmge Kitapevi

Campbell, Joseph. (2003b). Yaratıcı Mitoloji. 2. Baskı. çev: Kudret Emiroğlu. Ankara: İmge Kitapevi

Choe, Sharon. (2021). 'Hann Var Blindr: The Function of Disability in the Aftermath of Ragnarǫk.' *Mirator* 20/2, 5-20.

Coleman, J. A. (2007). The Dictionary Of Mythology: An A-Z of Themes, Legends and Heroes. London: Arcturus Publishing.

Collier, Irene Dea. (2001). Chinese Mythology. New Jersey: Enslow Publishers

Cotterell Arthur. (2006). The Ultimate Encyclopedia of Mythology. New Castle: Hermes House.

Crawford, Harriet. (1991). Sumer and the Sumerians. Cambridge: Cambridge University Press.

Daly, Kathleen N. (2009). Greek and Roman Mythology A to Z. New York: Chelsea House Publishing.

Daly, Kathleen N. (2010). Norse Mythology A to Z. Third Edition. New York: Chelsea House Publishing.

Dasen, Véronique. (1990). 'Dwarfs in Athens'. *Oxford Journal of Archaeology* 9/2, 191–207. doi:10.1111/j.1468-0092.1990.tb00222.x

Dasen, Véronique. (1998). 'Dwarfism in Egypt and Classical Antiquity: Iconography and Medical History'. *Medical History* 32/3 , 253-276.

David, Rosalie. (2017). 'Egyptian Medicine and Disabilities From Pharaonic to Greco-Roman Egypt'. IN, Disability in Antiquity, (Ed: Christian Laes), pp: 75-86. New York: Routledge.

Dawn, E. Bastian ve Mitchell, Judy K. (2004). Handbook of Native American Mythology. California: ABC-CLIO.

Dawson, Warren R. (1938). 'Pygmies and Dwarfs in Ancient Egypt'. *The Journal of Egyptian Archaeology* 24/1, 185-189.

Demircan, Adnan. (2009). 'Sâmi'. TDV İslâm Ansiklopedisi, Cilt:36, 75-76. İstanbul: TDV.

Deris, Sara. (2013). 'Examining the Hephaestus Myth Through a Disability Studies Perspective'. *Prandium: The Journal of Historical Studies* 2/1, 11-17.

Dolmage, Jay. (2006). 'Breathe upon Us an Even Flame: Hephaestus, History, and the Body of Rhetoric'. *Rhetoric Review* 25/ 2, 119-140.

Doty, William G. (2000). Mythography The Study of Myths and Rituals. Second Edition. London: The University of Alabama Press.

Dowden, Ken. (1992). The Uses of Greek Mythology. New York: Routledge.

Ebenstein, William. (2006). 'Toward an Archetypal Psychology of Disability Based on the Hephaestus Myth'. *Disability Studies Quarterly* 26/4. DOI: https://doi.org/10.18061/dsq.v26i4.805 https://dsq-sds.org/article /view/805

Ehrentheil, Otto F. (1974). 'A Case of Premature Ejaculation in Greek Mythology'. *The Journal of Sex Research* 10/2, 128-131.

Eliade, Mircea. (1958). Patterns in Comparative Religion. New York: New Amerikan Library.

Eliade, Mircea. (2003a). Demirciler ve Simyacılar. Çev: Mehmet Emin Özcan. İstanbul: Kabalcı Yayınevi.

Eliade, Mircea. (2003b). Dinler Tarihine Giriş. İstanbul: Kabalcı Yayınevi.

Eliade, Mircea. (2017a). Ebedi Dönüş Miti. çev: Ayşe Meral. İstanbul: Dergâh Yayınları.

Eliade, Mircea. (2017b). Mitlerin Özellikleri. çev: Sema Rifat. İstanbul: Alfa Yayınları.

Ertuğrul, Özkan. (2013). Mitoloji: İkona ve İkonografya. Edirne: Paradigma Akademi.

Eser, Elvan ve Yusuf, Kılıç. (2017). 'Mezopotamya'nın İlk Kent Binaları (Tapınaklar) ve İşlevleri'. *Akademik Tarih ve Düşünce Dergisi* 4/13, 412-438.

Espak, Peeter. (2010). The God Enki in Sumerian Royal Ideology and Mythology. Tartu University, https://dspace.ut.ee/bitstream/handle/10062 /15915/espak_peeter.pdf?sequence=1&isAllowed=y

Foster, Benjamin. (1981). 'A New Look at The Sumerian Temple State'. *Journal of the Economic and Social History of the Orient* 24/1, 225-241.

Garland, Robert. (2010). The Eye of the Beholder: Deformity and Disability in the Graeco-Roman World. London: Bristol Classical Press.

Graf, Fritz. (2015). Hephaestus. IN: *Oxford Research Encyclopedia of Classics*. Aktaran: Bremmer, Jan N. (2010). 'Hephaistos Sweats Or How To Construct An Ambivalent God' 193-208. IN, The Gods Of Ancient Greece, (Eds: Jan N. Bremmer and Andrew Erskine). Edinburgh University Press.

Graham, Haley R. (2019). 'Disabled Gods: A Critical Disability Studies Analysis of Ancient Greek Myths'. Undergraduate Research Symposium, 8. https://irl.umsl.edu/urs/8

Graves, Robert. (1987). 'Introduction'. IN: New Larousse Encyclopedia of Mythology. New York: Crescent Books.

Hamilton, Edith. (2017). Mythology Timeless Tales of Gods and Heroes. (75th Anniversary Illustrated Edition): New York: Hachette Book.

Henshall, Kenneth. (1999). Dimensions of Japanese Society: Gender, Margins and Mainstream. New York: St Martins Press.

http://bilheal.bilkent.edu.tr/aykonu/ay2007/ocak07/cuzzam.html

http:/en.kuniumi-awaji.jp/story/

http://lewebpedagogique.com/asphodele/files/2014/12/Hephaistos-Cyclopes.jpg

https:// www. arkeofili.com/civi-yazisi-nasil-yazilir/

https://akondroplazi.org.tr/

https://aktuelarkeoloji.com.tr/kategori/bir-mitos/yeniden-hayat

https://dictionary.apa.org/archetype

https://dictionary.cambridge.org/dictionary/english/iconography

https://en.wikipedia.org/wiki/H%C3%B6%C3%B0r#/media/File:Loki_and_Hod.jpg

https://symbolsage.com/ebisu-japanese-god-of-luck/

https://tr.euronews.com/2019/02/15/japon-adalarinin-tarihte-bilinen-ilk-sahipleri-ainu-halk-japonya-tarafindan-resmen-tanindi

https://tr.wikipedia.org/wiki/Odin#/media/Dosya:Odin,_der_G%C3%B6ttervater.jpg

https://tr.wikipedia.org/wiki/Ohotsk

https://tr.wikipedia.org/wiki/Paleopatoloji

https://tr.wikipedia.org/wiki/Tunguz_halklar%C4%B1

https://worldarkeoloji.blogspot.com/2016/03/hephaistos.html

https://worldarkeoloji.blogspot.com/2016/03/hephaistos.html

https://www.britannica.com/biography/Hammurabi

https://www.britannica.com/technology/ziggurat

https://www.britannica.com/topic/Hiruko

https://www.britannica.com/topic/necropolis-archaeology

https://www.japanese-wiki-corpus.org/Shinto/Momodayu.html

https://www.japanpitt.pitt.edu/glossary/yanagita-kunio

https://www.theoi.com/Gallery/K7.1.html

https://www.worldhistory.org/article/227/the-atrahasis-epic-the-great-flood--the-meaning-of/

https://www.worldhistory.org/Edo_Period/

https://www.worldhistory.org/Izanami_and_Izanagi/

https://www.worldhistory.org/image/12890/ziggurat-of-ur-artists-impression/#google_vignette

https://www.worldhistory.org/imhotep/

https://www.worldhistory.org/trans/tr/1-10151/mezopotamya-dinî /

https://www.worldhistory.org/trans/tr/1-15911/fuji-dag/

https://www.worldhistoryedu.com/bes-egyptian-god-origin-story-powers-symbols-meaning/

Hyakakawa, S., Komine-Aizawa, S., Naganawa, S., Shimuzu, K., ve Nemoto, N. (2006). 'The Death of Izanami, An Ancient Japanese Goddess: An Early Report of a Case Of Puerperal Fever'. *Medical Hypotheses* 67/4, 965-968.

Jacobsen, Thorkild. (1977). 'The Cosmos as a State', IN. The Intellectual Adventure of Ancient Man: An Essay of Speculative Thought in the Ancient Near East, (Eds: H. A. Frankfort–John A. Wilson–Thorkild Jacobsen–William A.Irwin), pp:125-185. Chicago: The University of Chicago Press.

Jahangir J.S. (2017). 'Richard III: Disability in Shakespearean Body'. *Indian Journal of Postcolonial Literatures* 17/2, 36- 40.

Jeffreys David ve John Tait. (2000). 'Disability, Madness, and Social Exclusion in Dynastic Egypt'. IN, Madness, Disability And Social Exclusion, (Ed: Jane Hubert), pp: 87-95. New York: Roudedge.

Kağnıcı, Gökhan. (2018a). 'Insights From Sumerian Mythology: The Myth of Enki and Ninmah and The History of Disability'. *Tarih İncelemeleri Dergisi* 33/2, 429-450.

Kağnıcı, Gökhan. (2018b). 'Mental Disability (?): On the Akkadian Word Lil-lu'. *Archivum Anatolicum-Anadolu Arşivleri* 12/1, 49-70.

Kağnıcı, Gökhan. (2020). 'Çivi Yazılı Metinlerde Engelliler: Eski Mezopotamya'da Fiziksel ve Zihinsel Yeti Yitimleri'. Engellilik Tarihi Yazıları, İçinde. (Eds: A. Resa Aydın, İshak Keskin, N. Zeynep Yelçe), ss: 45-70. İstanbul: İstanbul Üniversitesi Yayınevi.

Kağnıcı, Gökhan. (2021). 'Eski Yakındoğu'da Cücelik ve Cüceler: Mısır ve Mezopotamya'. Cüce Kitabı, İçinde. (Haz: Emine Gürsoy Naskalı), ss: 5-30. İstanbul: Kitabevi Yayınları.

Kaldık, Behçet. (2021). Engellilik, Sosyal Dışlanma ve Başetme Stratejileri. Ankara: Nobel Akademik Yayınları.

Kawai, Hayao ve Hori, Tadashi. (1986). 'The Hollow Center in the Mythology of Kojiki'. *Review of Japanese Culture and Society* 1/1, 72-77.

Kellenberger, Edgar. (2017). 'Mesopotamia and Israel '. IN, Disability in Antiquity, (Ed: Christian Laes), pp: 47-60, New York: Routledge.

Kelley, Nicole. (2007). 'Deformity and Disability in Greece and Rome'. IN, This abled body: Rethinking disabilities in biblical studies, (Eds: Hector Avalos, Sarah J. Melcher, and Jeremy Schipper), pp: 31-45. Atlanta: Society of Biblical Literature.

Kilmer, Anne, Draffkorn. (1976). 'Speculations on Umul, the First Baby', *Kramer Anniversary Volume: Cuneiform Studies in Honor of Samuel Noah Kramer*, (Eds: Barry L. Eichler ve diğerleri), AOAT 25. Kevelaer, Germany: Butzon & Bercker, 265– 270.

Kinnier, James V. (1966). 'Leprosy in Ancient Mesopotamia'. *RA* 60, 47–58. https://www.jstor.org/stable/23283536#metadata_info_tab_contents

Kozma, Chahira, et al. (2011). 'The Ancient Egyptian Dwarfs of the Pyramids: The High Official and the Female Worker'. *American Journal of Medical Genetics* 155/8, 1817-1824.

Kozma, Chahira. (2006). 'Dwarfs in Ancient Egypt'. *American Journal of Medical Genetics* 140, 303–311.

Kramer, Samuel Noah. (1970). 'Enki and His Inferiority Complex'. *Orientalia* 39/1, 103-110.

Kramer, Samuel Noah. (2014). Sümer Mitolojisi. çev: Hamide Koyukan. İstanbul: Kabalcı Yayıncılık.

Kramer, Samuel Noah. (2016). Sümerlerin Kurnaz Tanrısı Enki. çev: Hamide Koyukan. İstanbul: Kabalcı Yayıncılık.

Lambert W. G. (2013). Babylonian Creation Myths. Eisenbrauns: Winona Lake Indiana.

Lassen, Annette. (2000). 'Høðr's Blindness and the Pledging of Óðinn's.' *Old Norse Myths, Literature and Society: The Proceedings of the 11th International Saga Conference 2-7 July 2000, University of Sydney*. Vol. 1. Centre for Medieval Studies, University of Sydney.

Law, J. M. (1998). 'The Awaji Tradition'. IN, Traditional Japanese Theatre: An Anthology of Plays. (Eds: K. Brazell and J. T. Araki), pp: 393–397. New York: Columbia University Press. Aktaran: Stevens, Carolyn S. (2013). Disability in Japan. New York: Routledge

Leemıng, David Adams. (1998). Mythology-The Voyage Of The Hero. New York: Oxford Unıversıty Press.

Leemıng, David Adams. (2004). Jealous Gods And Chosen People The Mythology Of The Middle East. New York: Oxford University Press.

Leemıng, David Adams. (2010). Creation Myths of the World. California: ABC-CLIO.

Leick, Gwendolyn. (1991). A Dictionary Of Ancient Near Eastern Mythology. London: Routledge

Leick, Gwendolyn. (2001). Mesopotamia The Invention of The City. New York: Penguin Books.

Lindow, John. (2002). Norse Mythology: A Guide to Gods, Heroes, Rituals, and Beliefs. New York: Oxford University Press.

Mahran, Heba ve Samar, Mostafa Kamal. (2016). 'Physical Disability in Old Kingdom Tomb Scenes'. *Athens Journal of History* 2/3, 169-192.

March, Jenny. (2001). Dictionary of Classical Mythology. London: Cassell & Co.

Mercatante, Anthony S. ve Dow James R. (2009). Encyclopedia of World Mythology and Legend. Third Edition. New York: Facts On File.

Michael, Jordan. (2004). Dictionary of Gods and Goddesses. Second Edition. New York: Facts On File.

Minas-Nerpel, Martina. (2013). 'Ptah-Pataikos, Harpokrates, and Khepri'. 147-150. https://archiv.ub.uni-heidelberg.de/propylaeumdok/4233/1/Minas-Nerpel_Ptah_2013.pdf

Morford, Mark P.O. ve Robert J. Lenardon. (2003). Classical Mythology. Seventh Edition. New York: Oxford University Press.

Nardo, Don. (2001). Egyptian Mythology. New Jersey: Enslow Publishers.

Nemet-Nejat, Karen Rhea. (1998). Daily Life in Ancient Mesopotamia. London: Greenwood Press.

Okuyama, Yoshiko. (2017). 'Semiotics of Otherness in Japanese Mythology'. *Disability Studies Quarterly* 37/1, https://dsq-ds.org/article/view/5380/4544

Olgunlu, Ali Canip. (2017). Mitlerin Çözümlemesi: Mitos'tan Logos'a. İstanbul: Çalıkuşu Kitap.

Parks, Rebecca. (2009). Encyclopedia of World Mythology. Gale, Cengage Learning

Penglase, Charles. (1994). Greek Myths And Mesopotamia. London: Routledge.

Penrose, Jr, W. D. (2015). 'The Discourse of Disability in Ancient Greece'. *Classical World* 108/4, 499-523.

Petacchi, Simone. (2014). 'Some Local Aspects of The Cult of Bes in The Napatan Kingdom.' *Mitteilungen der Sudanarchäologischen Gesellschaft zu Berlin eV 25*, 205-209.

Piggott, Juliet. (1982). Japanese Mythology. London: Hamlyn.

Pinch, Geraldine. (2002). Handbook of Egyptian Mythology. California: ABC-CLIO.

Ramen, Fred. (2008). Indian Mythology. New York: The Rosen Publishing.

Remler, Pat. (2010). Egyptian Mythology A to Z. Third Edition. New York: Chelsea House Publishing.

Renger, Johannes. (1994). 'On Economic Structures in Ancient Mesopotamia: Part One'. *Orientalia* 63/3, 157-208.

Rinon, Yoav. (2006). 'Tragic Hephaestus: The Humanized God in the Iliad and the Odyssey'. *Phoenix* 1-20.

Roberts, Jeremy. (2004). Japanese Mythology A to Z. New York: Facts On File.

Roman Luke ve Monica Roman. (2010). Encyclopedia of Greek and Roman Mythology. New York: Facts On File.

Rose, Martha L. (2003). The Staff of Oedipus: Transforming Disability in Ancient Greece. Ann Arbor: The University of Michigan Press.

Sapunaru Tamas, Carmen. (2015). 'The Ritual Significance of Purification Practices in Japan'. *Kwansei Gakuin University Humanities Review* 19, 1-19.

Sayın, Yusuf. (2013). 'Konfüçyüs'ün Yeniden Keşfi ve Çin'in Dış Politikasında Dönüşüm'. *Selçuk Üniversitesi Sosyal Bilimler Enstitüsü Dergisi* 29, 223-237.

Shapiro H. Alan. (1984). 'Notes on Greek Dwarfs'. *American Journal of Archaeology*, 88/3, 391-392.

Simpson, William Kelley. (2003). The Literature of Ancient Egypt: An Anthology of Stories, Instructions, Stelae, Autobiographies, and Poetry. Third Edition. New Haven & London: Yale University Press.

Sneed, Deborah. (2018). 'The Life Cycle Of Disability in Ancient Greece'. Degree Doctor of Philosophy in Archaeology. Los Angeles: University of California. https://escholarship.org/uc/item/9jg5z235 (Erişim Tarihi: 10. Kasım 2022).

Stevens, Carolyn S. (2013). Disability in Japan. New York: Routledge

Stiker, Henri-Jacques. (1997). A History of Disability. Michigan: University of Michigan Press.

Stol, Marten ve Wiggermann Franciscus Antonius Maria. (2000). Birth in Babylonia and the Bible: Its Mediterranean Setting. 109-145, Brill.

Tada, Michitaro. (1988) 'Osakan Popular Culture: A Down-to-Earth Appraisal'. IN, The Japanese Trajectory: Modernization and Beyond. (eds: G. McCormack and Y. Sugimoto), pp. 33–53. New York: Cambridge University Press.

Tasneem Khatib, Arun D Singh, Harminder S Dua. (2011). One-eyed Odin: An Eye for Wisdom, *Ophthalmol* 95, 1651. doi:10.1136/bjophthalmol-2011-301147

Thompson, Tok ve Schrempp, Gregory. (2020). The Truth of Myth. UK: Oxford University Press.

Tian, Zhaoyuan. (2020). 'The Creation of Man and Things: Chinese Creation Myths'. IN, Myths of the Creation of Chinese, (Eds: Zhaoyuan Tian, Shuxian Ye Hang Qian), pp: 23-42. Shanghai Jiao Tong University Press

Turan, Süleyman ve Emine Battal. (2017). 'Japon Kültüründe Engellilik'. *Dinbilimleri Akademik Araştırma Dergisi* 17/2, 9-19.

Turan, Süleyman. (2017). Engellilik ve Dinler. İstanbul: Açılım Kitap.

Turan, Süleyman. (2018). Tanrı'nın Engeli mi Engelli Tanrı mı? Hıristiyan Geleneğinde Engellilik. İstanbul: Okur Akademi.

Usta, İbrahim. (2015). İslam Öncesi Arap Mitolojisi. Ankara: Ankara Okulu Yayınları.

van Oppen de Ruiter, B. F. (2020, April). 'Lovely Ugly Bes! Animalistic Aspects in Ancient Egyptian Popular Religion'. *Arts* 9/ 2, 1-27.

Verderame, Lorenzo. (2018). 'Ninmaḫ and Her Imperfect Creatures: The Bed Wetting Man and Remedies to Cure Enuresis'. IN, Mesopotamian Medicine and Magic, *Studies in Honor of Markham J. Geller*, (Eds: Strahil V. Panayotov – Luděk Vacín), pp: 779-800. Brill: Leiden,

Walls, Neal H. (2007). 'The Origins of the Disabled Body: Disability in Ancient Mesopotamia'. çev: Gökhan Kağnıcı. IN, This Abled Body: Rethinking Disabilities in Biblical Studies, (Eds: by Hector Avalos, Sarah J. Melcher, and Jeremy Schipper), pp:13-30. Atlanta: Society of Biblical Literature.

Wilkinson, Philip ve Philip, Neil. (2007). Mythology. New York: DK Publishing

Williams, George M. (2003). Handbook of Hindu Mythology. California: ABC-CLIO.

Yang, Lihui, An Deming ve Turner, Jessica Anderson. (2005). Handbook of Chinese Mythology. California: ABC-CLIO.

Ziskowski, A. (2014). 'The Bellerophon Myth in Early Corinthian History And Art'. *Hesperia: The Journal of the American School of Classical Studies at Athens* 83/1, 81-102.

EKLER

EK 1: Hephaistos'a Ait Bazı Görseller

Görseller, www.theoi.com adresinden alınmıştır. Theoi Projesi (Theoi Yunan Mitolojisi olarak da bilinir), Yunan mitolojisi klasik edebiyat ve antik Yunan sanatındaki temsili hakkında bir dijital kütüphane web sitesidir (https://en.wikipedia.org/wiki/Theoi_Project).

Hephaistos'un Olimpos'a Eşek Sırtında Dönüşü
(Hephaistos'un ayaklarının çarpık resmedildiğine dikkat edilebilir.)

Hephaistos'un Olimpos'a Eşek Sırtında Dönüşü

Zeus'un Kafasından Athena'nın Doğuşuna Yardım Eden Hephaistos.

Hephaistos - Pandora

Hephaistos & Thetis

Hephaistos

EK 2: Sümer Mitolojisine Ait Bazı Görseller

Tanrılar insanları yaratır. Sonra gökten inerler ve ilk şehirler kurulur: Eridu, Bad-tibira, Larak, Sippar ve Şuruppak.
(https://www.ancient-code.com/the-origin-of-humans-according-to-ancient-sumerian-texts/)

Sümer İnsanın Yaratılışı Miti
(https://www.world-myth.com/mesopotamian/sumerian-creation-myth)

Tiamat'ın Enuma Elish Tarafından Öldürülmesini Tasvir Eden MÖ 8. Yüzyıla Ait Yeni Asur Silindir Mühür.

Mezopotamya Yaratılış Destanı Tableti (https://www.worldhistory.org/image/3131/mesopotamian-epic-of-creation-tablet/)

EK 3: Mısır Mitolojisine Ait Bazı Görseller

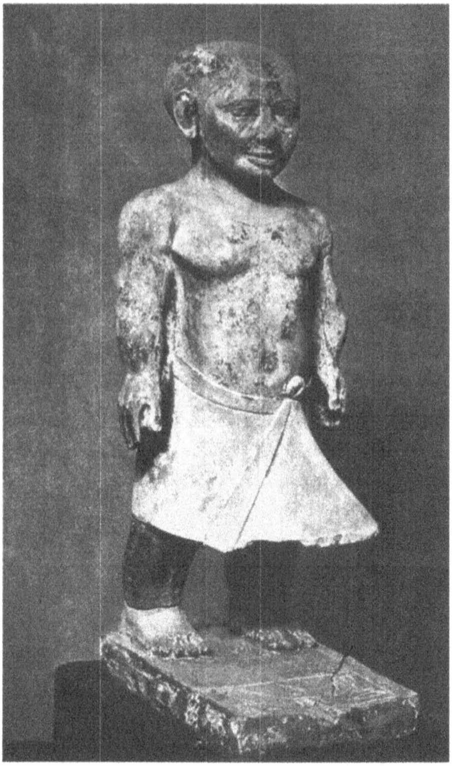

Khnumhotep'in kireçtaşı heykeli

Bir başka ünlü Eski Krallık cücesi de Khnumhotep'tir. Biyografik bilgiler içeren bir kireçtaşı heykel korunmuştur. Sarayda statü elde etmiştir. Khnumhotep'in heykeline oyulmuş yazıt, iki kutsal boğanın cenazelerinde dans etmekten bahsetmektedir. Dans performansları, Khnumhotep'in kariyerinde öne çıkmış olmalıdır. Khnumhotep, eski Mısır'dan adıyla bilinen birkaç erkek dansçıdan biridir. (https://owlcation.com/humanities/Elite-Dwarfs-of-Ancient-Egypt)

Eski Mısır'da aşk, doğum ve cinsellik tanrısı Tanrı Bes'in kireçtaşından yapılmış boyalı bir heykeli, II. Nectanebo'nun (MÖ 358-341) 30. hanedan hükümdarlığı dönemine ait. Yükseklik 92 cm. Sırtında maymun derisi var. Derine yerleştirilmiş gözler. Kulaklar aslanınkilerdir. Göbeğine düğümlenmiş bir yılan gövdesi kemer görevi görür. Louvre Müzesi, Paris (Kozma, 205: 304)

Tef çalan tanrı Bes'in ahşap figürü, Mısır 18. hanedan, MÖ 1300 civarında. British Museum, Londra (Kozma, 205: 309).

Arp çalan cüce. Şikago, ABD. (Kozma, 205: 310)

Cüce Tanrı Ptah. Walters Müzesi, Baltimore, Maryland.
(Kozma, 205: 308)

Cüce kuyumcular. Mereruka'nın Mezarı. Saqqara, Şikago, ABD
(Kozma, 205: 308)

Kabartma bir figürde cüce (Dasein, 1993: 363).

Cüce tanrılar iblisleri kovuyor (Dasein, 1993: 412).

EK 4: Japon Mitolojisine Ait Bazı Görseller

İzanagi ve İzanami'nin Yeryüzüne İnişi
(https://morpuhu.com/japon-mitolojisi-izanami-ve izanagi/)

Yedi Şans Tanrısı
(https://www.dunyadinleri.com/mitoloji/japon-mitolojisi/oku_japon-mitolojisinde-yedi-sans-tanrisi#prettyPhoto)

EK 5: İskandinav Mitolojisine Ait Bazı Görseller

Görseller www.norse-mythology.org adlı web sitesinden alınmıştır.

İzlanda ışıklı bir el yazmasında Odin (18. yüzyıl)

İzlanda ışıklı bir el yazmasından Loki'nin anonim bir tablosu

Christoffer Wilhelm Eckersberg'in "Baldur'un Ölümü" (1817). Hodr, ölü tanrının solunda duruyor.

Tyr ve Fennir